I'M MAKER

i创客

U0312073

Arduino

《无线电》编辑部 编

智能硬件开发从入门到精通

43 个精彩实例提供创意和详细制作方案

从基础功能如何应用一直讲到项目开发

带你一起用 Arduino 制作各种智能硬件

人民邮电出版社

北京

图书在版编目（CIP）数据

Arduino智能硬件开发从入门到精通 / 《无线电》编辑部编. -- 北京 ：人民邮电出版社，2020.5
（i创客）
ISBN 978-7-115-53296-1

Ⅰ．①A… Ⅱ．①无… Ⅲ．①单片微型计算机－程序设计 Ⅳ．①TP368.1

中国版本图书馆CIP数据核字(2020)第020362号

内 容 提 要

"i创客"谐音为"爱创客"，也可以解读为"我是创客"。创客的奇思妙想和丰富成果，充分展示了大众创业、万众创新的活力。这种活力和创造，将会成为中国经济未来增长的不熄引擎。本系列图书将为读者介绍创意作品、弘扬创客文化，帮助读者把心中的各种创意转变为现实。

Arduino 是如今最流行的开源智能硬件开发平台，也是创客最喜欢的工具之一。它应用广泛，功能强大，降低了学习单片机的门槛，不仅是电子爱好者和电子专业学习人员学习的热点，也受到艺术家、软件开发者的喜爱。借助 Arduino，你可以轻松创造出能够进行人机互动的智能硬件和互动艺术作品。

本书选取了来自创客的 40 余个基于 Arduino 开发出的智能硬件，包括数码相机、温控风扇、光感应晾衣架、语音控制台灯、点滴计时器、游戏操纵杆、磁悬浮装置、睡眠监测仪、空气数据监测分析盒、智能温室、网络门禁、低成本智能家居、自行车行车电脑、洗袜机、洗鞋机、家庭服务机器人等。读者既可直接仿制，也可从中汲取灵感，创造出新的项目。本书操作步骤清晰、图片简明、可操作性强，内容不仅适合电子爱好者阅读，也适合创客空间、学校开办工作坊和相关课程参考。

◆ 编　　　　《无线电》编辑部
　　责任编辑　韩　蕊
　　责任印制　彭志环

◆ 人民邮电出版社出版发行　　北京市丰台区成寿寺路 11 号
　　邮编　100164　　电子邮件　315@ptpress.com.cn
　　网址　https://www.ptpress.com.cn
　　北京瑞禾彩色印刷有限公司印刷

◆ 开本：690×970　　1/16
　　印张：15.25　　　　　　　　　　　2020 年 5 月第 1 版
　　字数：315 千字　　　　　　　　　2020 年 5 月北京第 1 次印刷

定价：89.00 元

读者服务热线：**(010) 81055493**　印装质量热线：**(010) 81055316**
反盗版热线：**(010) 81055315**
广告经营许可证：京东工商广登字 20170147 号

前言　Arduino 为什么这么红？

如果浏览 5 ～ 10 年前的电子制作资料，你一定可以看到五花八门的单片机选型、各种手工焊制的电路板、纷繁复杂的飞线……而近几年的各种基于单片机的电子制作，则统一了许多，各种不同领域、不同功能的电子 DIY 作品，大都采用了同一种控制模块为核心——Arduino。

那么 Arduino 到底是什么呢？是一种新的控制芯片，还是一种新的开发软件呢？它又有什么优势，可以在短短几年时间内几乎一统了电子 DIY 的江湖呢？

首先我们看看 Arduino 的实物图，图 0.1 所示是最常见的一种 Arduino 控制板。图中已经根据功能将各个模块区分出来，相信对单片机开发稍有了解的朋友一定已经发现，这不就是一个以 ATmega 单片机最小系统为核心的控制板吗？不错，Arduino 就是以 ATmega 单片机为控制核心的单片机控制板，板上除了 ATmega328 最小系统电路外，还包含了稳压电路、USB 转串口电路、一些指示用的 LED，以及一些扩展用的电路插座。

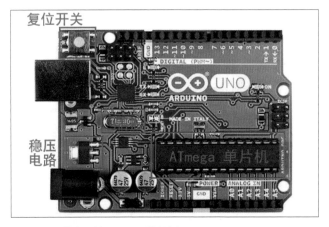

■ 图 0.1　最常见的 Arduino 控制板——Arduino UNO

仅仅一个单片机最小系统，为何能风靡全球呢？

下面我们以图表的形式来比较一下单片机裸机、市面上一般的单片机开发板和 Arduino。

表0.1　ATmega328裸机、ATmega328开发板、Arduino的对比

	ATmega328 裸机	ATmega328 开发板	Arduino
运算性能	相同	相同	相同
成本	最低	较高	较低
体积	最小	较大	适中
自由度	最大	很多开发板集成了键盘、数码管、跳线开关等，占用了很多端口	除单片机正常运行所需占用的端口外，其他端口全部留给了用户使用
标准度	完全符合 Atmel 公司公布的芯片资料	大多由各个供应商自主开发，各不相同	完全符合 Arduino 组织公布的标准
工作条件	需要自己搭建最小系统电路	通过 USB 或 COM 端口与 PC 连接即可使用	通过 USB 线连上 PC 即可使用

表 0.1 中列出了 3 种选择方案的最直观比较（表中没有比较购买渠道的便利性，随着网络购物的普及，这一点已经不再成为爱好者们需要特别关注的问题），看起来似乎 Arduino 并没有特别的优势，那么为什么 Arduino 会得到如此热度的追捧呢？

要回答这个问题，我们必须首先回顾一下 Arduino 的发展历程。2005 年，意大利北部小镇伊夫雷亚（Ivrea）一家高科技设计学校的老师 Massimo Banzi（国内创客把他亲切地称为"板子大叔"），为了能给学生们提供一种便宜、好用的微控制器平台，与当时在这所学校做访问学者的西班牙籍芯片工程师 David Cuartielles 合作设计了最初的 Arduino 控制板。随后 Arduino 便开始迅速地在欧洲流行起来，并且逐渐蔓延到世界各地。

Arduino 独有的优势

Arduino 独有的几个优势表现在以下方面。

开放性：Arduino 是起步比较早的开源硬件项目。各种开源项目目前已经得到广泛的认可和大范围的应用。它的硬件电路和软件开发环境都是完全公开的，在不从事商业用途的情况下，任何人都可以使用、修改和分发它。这样不但可以使用户更好地理解 Arduino 的电路原理，更可以根据自己的需要进行修改，比如由于空间的限制，需要设计异形的电路板（见图 0.2），或是将自己的扩展电路与主控电路设计到一起（见图 0.3）。

■ 图 0.2　国内某厂商开发的异形 Arduino 控制板

■ 图 0.3 国内某厂商开发的集成了蓝牙模块的 Arduino

易用性：对于稍微有心的人，不论基础如何，只要他有兴趣，拿到 Arduino 之后的 1 小时之内，应该就可以成功运行第一个简单的程序了。Arduino 与 PC 的连接采用了当下最主流的 USB 连接，你可以像使用一款智能手机一样，把 Arduino 与计算机直接连起来，而不需要再额外安装任何驱动程序。而且 Arduino 的开发环境也非常简单，一目了然的菜单仅提供了必要的工具栏，除去了一切可能会使初学者眼花缭乱的元素，你甚至可以不阅读手册便实现例程的编译与下载。

交流性：对于初学者来说，交流与展示是非常能激发学习热情的途径。但有些时候，你用 AVR 做了个循迹小车，我用 PIC 做了个小车循迹，对单片机理解还不是特别深刻的初学者，交流上恐怕就会有些困难。而 Arduino 已经划定了一个比较统一的框架，一些底层的初始化采用了统一的方法，对数字信号和模拟信号使用的端口也做了自己的标定，初学者在交流电路或程序时非常方便。

丰富的第三方资源：Arduino 无论硬件还是软件，都是全部开源的，你可以深入了解底层的全部机理，它也预留了非常友好的第三方库开发接口。秉承了开源社区一贯的开放性和分享性，很多爱好者在成功实现了自己的设计后，会把自己的硬件和软件拿出来与大家分享。对于后来者，你可以在 Arduino 社区轻松找到自己想要使用的一些基本功能模块，比如舵机控制、PID 调速、A/D 转换等。一些功能模块供应商也越来越重视 Arduino 社区，会为自己的产品提供 Arduino 的库和相关教程。这些都极大地方便了 Arduino 开发者，你可以不必拘泥于基本功能的编写，而把更多的精力放在自己想要做的功能设计中去。

是的，从专业嵌入式开发的技术角度来说，Arduino 并不是第一选择，为了尽可能地照顾初学者甚至是电子开发的门外汉，Arduino 定制了很多底层的设计，自然也损失了很多嵌入式开发的灵活性和效率性，这也是许多经验丰富的嵌入式设计人员对 Arduino 嗤之以鼻的原因之一。那么 Arduino 的定位究竟在何处呢？

Arduino 的定位

Arduino 最初确实是为嵌入式开发的学习而生，但发展到今天，它已经远远超出了嵌入式开发的技术领域。有些人将 Arduino 称为"科技艺术"，很多电子科技领域以外的爱好者，凭借丰富的想象力和创造力，也设计开发出了很多有趣的作品。在国内，Arduino 更多还是作为一种嵌入式学习工具和电子开发原型模块出现，但是它的魅力绝不仅仅如此，它完全可以作为一种新"玩具"，甚至新的艺术载体，来吸引更多领域的人们加入 Arduino 的神奇世界。

Arduino 的硬件

你是不是已经迫不及待，想要开始 Arduino 之旅了？赶快到购物网站上搜一搜 Arduino……然后是不是被各种不同的 Arduino 控制板搞花眼了？

Arduino 并不是一成不变的，每隔一段时间，Arduino 官方组织就会发布最新的设计，在原有基础上进行升级，让爱好者们更方便地使用。同时，为了满足不同层次的开发要求，Arduino 也推出了不同版本的控制板设计，让我们来认识一下使用最多的几种设计。

Arduino UNO（见图 0.4）：UNO 版本应该说是 Arduino 的基础版，也是初学者的第一选择。它提供了基本的数据接口，对初学者来说有足够的存储空间，无论是用来读取传感器，还是驱动电机，或者与计算机通信，都可以轻松地胜任。

■ 图 0.4　Arduino UNO

Arduino MEGA 2560（见图 0.5）：这一版可以算是 UNO 的升级版，各种接口的数量比 UNO 要多，而且其搭载的单片机也要比 UNO 搭载的更高级一些，运算速度也更快。如果你觉得 UNO 的硬件资源无法满足你的需求，那么你可以尝试一下 MEGA 2560，当然它的价格也会比 UNO 更高一些。

■ 图 0.5　Arduino MEGA 2560

Arduino Nano（见图 0.6）：这个可以说是 UNO 的简化版，优先考虑了体积上的优化，尽量将体积做到最小，可以满足一些手持设备或体型微小的设备使用，当然功能相比 UNO 也略有缩水。

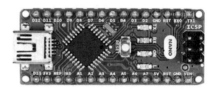

■ 图 0.6　Arduino Nano

Arduino Mini（见图 0.7）：这是目前体积最小的一款 Arduino 控制板，可用于对体积要求比较高的项目，比如可穿戴设备等。

■ 图 0.7　Arduino Mini

也许有些心急的朋友已经要问了：哪一款可以控制步进电机？哪一款可以实现无线通信？哪一款可以演奏音乐？……

如果我告诉你都不可以，你会不会很失望？

Arduino 作为一种控制芯片，所起的作用类似于我们的大脑，大脑是无法自行运动或是发声的。大脑所起的作用类似于指挥官，Arduino 也是如此，想要完成一些实际任务，离不开外围电路的支持。

很多人又要头疼了，电子电路完全不懂怎么办？其实现在这也已经不是什么大问题了。对于电子专业的学生，或是想要学习电子电路的爱好者，当然要一切靠自己，查资料、买元器件、做 PCB、焊电路……这其中当然会有很多辛苦，可从中学到的知识无疑也是装入自己脑袋的。

如果不想在电子电路方面花费太多的精力，也没有问题。现在很多厂商都开发了各种各样的 Arduino 外围功能电路，无论是电机驱动、无线通信、音乐播放，还是读取各种各样物理信号（压力、速度、倾角、方向等）的传感器，都应有尽有，而且使用方便，可以直接通过标准接口（UART、I²C 等）连到 Arduino 控制板上工作。

Arduino 的软件开发方法

说完了硬件，我们接下来谈谈很多人都头疼不已的软件开发吧。

一般嵌入式代码的 main 函数中有一个死循环，程序不断地反复执行，单片机在每个循环内读取各个外部端口的数据，然后根据这些数据来做出相应的策略判断，再把指令通过外部端口传送出去，达到控制外部设备的目的。

Arduino 的程序运行方式与此差不多，但代码结构略有不同。它的代码中没有 main 函数，而是使用了两个不同的必备函数：setup、loop。

相信很多朋友已经猜出来了，Arduino 代码是把初始化的代码放在了 setup 函数中，而把需要不断循环执行的代码放在了 loop 函数中。结构与传统的嵌入式程序虽然不同，但设计思想还是一致的。

Arduino 的代码语法与 C++ 类似，也包含了对类和对象的支持。使用者即便没有任何代码编写的基础，也可以很快上手。关于 Arduino 的代码编写，无论是 Arduino 的官方网站，还是网络上都有相当丰富的资料，这里不再赘述。

很多 Arduino 制作还要涉及另外一种程序的编写，就是上位机程序，一般是 PC 端的程序。你可以采用任何你所熟悉的高级语言进行开发，接收 Arduino 控制板所传递过来的数据（通过串口传输），在屏幕上显示输出或写入文件。VB、VC++、Delphi、Flash Script、Processing 等都能满足你的要求。

CONTENTS
目 录

第 **1** 章

初识 Arduino

01 树莓派、Arduino、传统单片机开发板，用谁好

◇望雪

几十年前的电子爱好者，最喜欢的就是电烙铁、面包板和收音机；十几年前，出现了单片机，于是"玩具"就成了电烙铁、面包板和单片机；到了 2015 年，贴片技术的不断普及，让面包板不再那么有用武之地，经济的发展也让现成的板卡价格降到了一个合理的范围，购买现成的电路板，甚至自己打样电路板来使用，已经成了一个趋势。现在，我们面前的选择就空前丰富，一方面，是以 Arduino 和树莓派为首的开源硬件阵营，另一方面，则是以 STM32、STM51 和 S3C2440 为首的传统单片机开发板阵营。笔者根据自己的使用体验，与读者简单谈一谈它们在应用上的区别。

1.1 分类

首先要明确两个问题。

第一个，我在这里把电子爱好者的硬件对象简单分成开源硬件阵营和传统开发板阵营，并不是指传统开发板不开源，事实上它们也是全开源的，之所以这么叫，是因为"开源硬件"是一个从国外兴起、在国内大热的概念，Arduino 和树莓派都是从国外引进来的，而那些传统开发板很多是我们本土设计开发的。它们虽然都是开源的，但是在使用和开发的理念上有所不同，所以才有必要区分开来。需要注意的是，并不是说国外来的就是开源硬件，国内的就是传统开发板，重点在于理念的不同。目前，国产的开源硬件也正如雨后春笋一样冒出来。

第二个，无论属于哪个阵营，它们用的 CPU 都得分成 MCU（微控制器，或者称为单片机）和 MPU（微处理器）两类，二者的本质区别在于 MMU（内存管理单元），也就是对于虚拟内存空间的支持。树莓派和 S3C2440 就属于 MPU 类的，而 Arduino 和 STM32 就属于 MCU 类的。它们在运算能力上有着巨大的差距。

基于上面的分类，如果把它放到一个天梯图内，我们就能得到这样一张开源硬件的比较图（见图 1.1）。

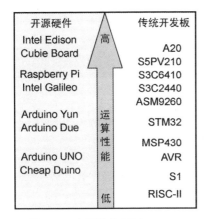

开源硬件	运算性能 高→低	传统开发板
Intel Edison	高	A20
Cubie Board		S5PV210
		S3C6410
Raspberry Pi		S3C2440
Intel Galileo		ASM9260
Arduino Yun	运算性能	STM32
Arduino Due		MSP430
		AVR
Arduino UNO		S1
Cheap Duino	低	RISC-II

■ 图 1.1　开源硬件比较图

需要注意的是，这张图只比较了它们的纯运算性能，越靠上的，运算性能越强，但是这张图并不是按照比例画的，实际上，树莓派的运算性能可以达到 Arduino 的 100 倍。接下来，我就根据上面的两种分类方法来讲讲它们的区别。

1.2 理念的区别

开源硬件和传统开发板的区别，最重要的其实也就是理念的差别。开源硬件注重的是快速开发，而传统的开发板则注重精通其中的技术细节。举个例子，比如，要用 DS1302 和 12864 液晶屏来做一个简单的液晶屏万年历，我们来对比一下 51 平台和 Arduino 平台的不同。

第一步是连接硬件，我们假设硬件的连接已经完成了，因为在这方面，两边没有什么区别。

第二步一般都是上网先搜索相应的硬件驱动程序，这个环节上 51 单片机系统和 Arduino 的差别就出来了。Arduino 有一个库的概念，一般都是把库直接解压到 Arduino 安装目录的 Libraries 文件夹下

就可以了，通常不需要关心库里面的代码是如何写的，只要使用就可以了。比如，DS1302 的库，使用方法很简单，在开始的地方声明一下连接，然后创建一个对象。

```
/* 接口定义 */
uint8_t CE_PIN   = 5;
uint8_t IO_PIN   = 6;
uint8_t SCLK_PIN = 7;
/* 创建 DS1302 对象 */
DS1302 rtc(CE_PIN, IO_PIN, SCLK_
PIN);
```

但是 51 单片机系统就不一样，51 单片机系统没有很明确的封装，网上找到的，也不是库，而是驱动代码。甚至很多时候，还是集成在一个工程文件里的，如果需要使用，还得自己把它从里面剥离出来。比如，这是网上找到的 51 驱动程序的一部分。

```
//DS1302 写入子程序
void DS1302_Write(uchar temp)
{
  uchar i;
  CLK=0;  // 将 DS1320 时钟脉冲拉低
  _nop_();// 延时一指令周期
  RST=1; //RST 置高电平
  _nop_();// 延时一指令周期
  for(i=0;i<8;i++) // 循环 8 次
{
  DAT=temp&0x01; // 向 DS1302 写入
一字节数据
  _nop_();  // 延时一指令周期
  CLK=1;  // 拉高时钟脉冲
  temp>>=1;  // 右移一位
  CLK=0;  // 拉低时钟脉冲
  }
}
```

值得注意的是，里面出现了很多的 "_nop_();"，也就是空指令，用于延迟一个时钟。很多时候，如果你使用的是增强型的 51 单片机，其运行速度可能会比外部设备的运行速度快很多，这样就必须在驱动程序中人工

加入延时。而且不同的单片机，运行速度也不一样，延时还得单独进行调整。DS1302还好，延时不怕高，只怕低，也就是调试的时候尽可能加大延时就不会出问题，但是DS18B20就很"矫情"了，多了不行，少了也不行，这样程序写起来就很麻烦。这其实也就是给 51 单片机系统写驱动时的一个特点，别的地方拿来的东西还不一定能用，得自己修改才行。假设你用同样的方法搞定了 12864 液晶屏的驱动，然后是主代码的实现，也就是读取时间并且显示到液晶屏上。

用 Arduino 的朋友，事情就很简单了，首先从 DS1302 获取时间：Time t = rtc.time();，然后格式化并输出：

```
sprintf(buf, "%04d-%02d-%02d
%02d:%02d:%02d", t.yr, t.mon,
t.date, t.hr, t.min, t.sec);
LCDA.DisplayString(0,0, buf,
sizeof(buf));
```

这样就完成了，但是如果是用 51 单片机，噩梦就又要开始了。首先，读取时间没什么问题，用驱动程序提供的函数把它写入t 变量里面：DS1302_GetTime(&t);，然后就麻烦了，如果用的是无字库的液晶屏，驱动程序是不提供显示字符的函数的。怎么办？自己实现呗。首先得有字形，用取模软件得到了字模，也就是一堆数据，如图 1.2 所示。

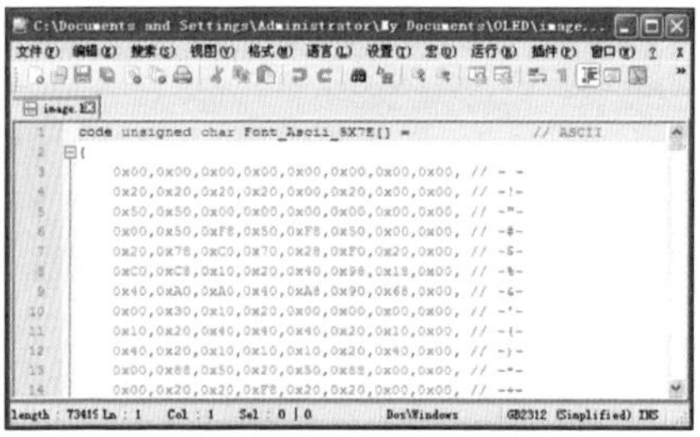

■ 图 1.2　用取模软件得到字模

其次是显示的程序。根据液晶控制器的数据手册分析，需要两个函数，一个是打点函数，另一个是显示字符的函数。假设你找到的驱动程序里已经包括了打点函数，自己只要写显示字符的函数就可以了，结合之前的取模数据，不难写出这样的一个函数：

```
void LCD_Display_Chr(u8 left,u8
top,u8 chr)
{
  u8 x,y;
  unsigned int ptr;
  ptr=(chr-0x20)*8;
  for (y=0;y<8;y++)
  {
    for (x=0;x<5;x++)
    {
      if (((Curr_Font[ptr] <<x)&0x
80)==0x80)
      OLED_Point(left+x, top+y,color);
    }
    ptr++;
  }
}
```

之后，还需要一个显示字符串的函数。如果你了解 C 语言里的指针和字符串，还是比较简单的。下面是一个很简单的显示字符串的函数：

```
void LCD_String(u8 left,u8
top,u8* s)
{
  u8 x=0;
  while(*s)
  {
    LCD_Display_Chr(left+x,top,
*s++);
    x+=6;
  }
}
```

别看这么点代码量，如果对 GRAM 结构、指针没有比较透彻的了解，一天都不一定搞得定。实现了这些之后，就可以和用 Arduino 一样写出最终的显示代码了。

从上面这个例子，我们可以看出，两边的区别很明显。Arduino 很适合快速开发，实现自己想要的效果，而不需要掌握太多的专业知识，这也是 Arduino 快速流行起来的原因，不同行业的人都可以加入进来，参与基于 Arduino 的产品的开发。但是，这并不是说单片机不好，学单片机的人可以自豪地说我的基础知识掌握得很扎实，因为单片机的程序都得脚踏实地来写，在写的过程中，就对那些代码和相关的知识有了深入的理解。有了这些知识，如果给你换一套硬件，比如把 12864 LCD 换成 320240 TFT，只要有数据手册，照样可以写程序，但是用 Arduino 如果找不到库，那就"玩脱"了，是吧？

笔者个人认为，如果是以学习为目的，传统的单片机更值得推荐；如果是玩玩，为了完成作品，Arduino 不失为一个好选择，毕竟更加方便，能够更加专注于实现自己的创意，这也是很多创客的理念。

1.3 性能的差距

讲完两大阵营的理念区别，再来讲一讲另一个爱好者中存在的疑问，那就是树莓派和单片机或者树莓派和 Arduino 的选择问题，其实也就是 MPU 和 MCU 的选择问题。

这里又得分两种情况来讨论，一类是没有学过任何东西，想直接拿树莓派入门；另一类是在玩过 Arduino 或者 51 单片机之后想要玩玩更高端平台。

先讲讲第一类。对于第一类玩家，如果已经有了编程基础，可以直接试着玩树莓派，

如果只是把树莓派当成一个小型 PC 或者低功耗服务器，完全没有问题。对于编程水平好的，我更推荐 CubieBoard CC80 或者 Jetson TK1，因它们的性能会强大很多，玩起来会更加舒服。如果没有编程基础或者想要玩软硬结合，还是建议从 PC 编程或者 Arduino、单片机开始学习。

对于第二类，选择就不那么简单了。首先要知道，在过去（其实抛开开源硬件，现在也是一样），MPU 是一种很复杂的东西，一般得熟练掌握单片机之后才能去接触 MPU。而且 MPU 通常涉及 Linux 内核的修改、Linux 驱动程序的开发、Linux 软件的编写这类事情，需要的知识储备很多。对于一般爱好者来说，玩 MPU 完全就是天方夜谭。但是 MPU 又是那么吸引人，数百兆的主频，数十兆的存储空间，是 MCU 根本无法想象的。MPU 就像是一台真正的 PC，而 MCU 只能算个玩具。国外的开源硬件大佬自然也看见了这一点，于是就有了树莓派这样的产品。树莓派就是融合了开源硬件易用性和 MPU 强大功能的产品。现在，对于想要玩高端平台的爱好者，最主要的选择就是树莓派和 STM32（虽然它们根本不是一个量级的东西，但是由于 2440 类的东西开发难度太大，业余爱好者一般较少涉足）。那么我们就来对比一下，树莓派和 STM32 分别能做什么，都能做的东西开发起来有什么区别，见表 1.1。

再来看看对于都可以做的东西，两者开发上有什么区别。以网络视频监控为例吧。STM32 的开发流程是这样的：硬件选型→设计 PCB →焊接→调试硬件→编写 DCMI 和 RMII 驱动→移植 TCP/IP 协议栈→调整

摄像头驱动→编写网页服务器程序→完成。其中涉及的代码量非常大，不过好在都比较基础，爱好者还能应付一下。而树莓派的开发流程则完全不一样：买一台树莓派和一个摄像头→把摄像头连接到树莓派上→在树莓派上安装一个监控软件→完成，简直就像玩一样，半小时就能完成。

表 1.1　树莓派 VS STM32

只有树莓派能做的	机器视觉、视频解码、3D 游戏等
STM32 和树莓派都能做的	飞控、3D 打印控制、音频解码、网络监控、物联网传感器等
只有 STM32 能做的	基本没有
总结	STM32 能做的，树莓派都能做；树莓派能做的，STM32 却不一定能做

对于爱好者来说，树莓派确实是利器，不用很长的时间就能收到很棒的效果，自己写程序也不是太复杂，就参考 PC 上的 Linux 程序编写教程就可以，因为网络协议、图形库这些都是现成的，省去了很多麻烦。不过，有利也有弊，树莓派是个高度封装的东西，如果想要借此学习 ARM Linux 的基础开发，我还是劝你转投 2440 的怀抱，因为树莓派说是开源硬件，但是实际上它的底层 Bootloader 和核心数据手册是闭源的，对于应用开发没有影响，但是学习原理就要命了。另一点，就是成本。如果你做的这个东西要量产，那么成本就变得很重要，基于 STM32 的网络监控方案可以比基于树莓派的方案成本低一半以上，这可是十分吸引人的。当然我只是举个例子，实际上，目前市场上网络监控用的既不是 STM32，也不是树莓派，而是专门定制的 ARM9。

那么对于爱好者，STM32 有什么意义呢？看起来似乎上面提到的两个弊端都没什么关系啊。让我说的话，STM32 的优点就是更为基础，这个理由和上面对于 51 单片机的观点是类似的，玩 STM32 可以学到更多基础的知识，脚踏实地慢慢来，路上的风景也很精彩啊，从零开始，看着自己的作品一点点完善，难道不是一件很有趣的事情吗？功利地说，如果要从事电子工程师的工作，这些知识和经验将会十分有用，因为工作也是和基础的东西打交道，无论是 MCU 还是 MPU 都一样，将要面对的，是赤裸裸的原理图和源代码，而不是 apt-get install。

1.4　总结

讲了那么多，不知道大家对于这些东西的区别有没有一个大概的了解。我写这篇文章，并不是想告诉你"STM32 好""树莓派超级棒"这种观点，而是希望大家能根据自己的爱好和需要选择合适的产品，而不是盲目跟风。最后，祝大家玩得开心！

一起用面包板自制 Arduino 吧

◇郝弘毅

各个 Arduino 产品其实都是对 Arduino 最小系统的各种功能的扩展与集成，万变不离其宗，如果自己会做 Arduino 最小系统了，就可以很方便地定制出特殊功能的专用 Arduino。另外，相信通过这篇文章，大家也会改变"Arduino 就是买来的一块控制板"的印象。

我们就用市面上最常见的 ATmega8 芯片来介绍怎样自己搭建一个最小系统。先来看一下芯片实物图（见图 2.1），这是一个标准 DIP 封装的 ATmega8。

■ 图 2.1 DIP 封装的 ATmega8

然 然 我 们 再 看 一 下 DIP 封 装 的 ATmega8 芯片的引脚图（见图 2.2），每个引脚对应的是 Arduino 的哪个端口，图上也已经标出。

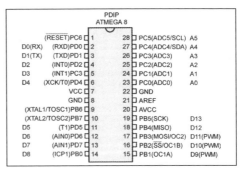

■ 图 2.2 ATmega8 芯片引脚及与 Arduino 端口的对应关系

2.1 硬件连接

一个最小系统，我们只需要一个 16MHz 的晶体振荡器与两个 22pF 电容，按照如图 2.3 所示的样子连接 9、10 引脚即可，大家可以参照在面包板上的实物（见图 2.4）连接来看。

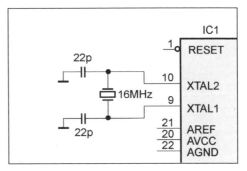

■ 图 2.3 Arduino 最小系统连接方法

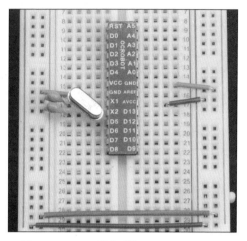

■ 图 2.4 Arduino 最小系统

最小系统的硬件部分其实就这么简单，但是 Arduino 之所以叫作 Arduino，并不单单是硬件，一定要有配套的软件，我们现在就用 Arduino IDE 把 Bootloader 下载进这个最小的硬件系统。

2.2 通过下载器下载程序

1 下载器使用 USBtinyISP，ICSP 的 1 号口接 D12，3 号口接 D13，5 号口接 RESET，2 号口接 VCC，4 号口接 D11，6 号口接 GND。

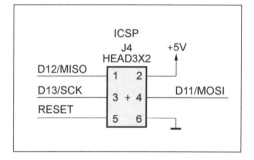

2 先把 USB 线接上，给 USBtinyISP 安装驱动后，我们进入 Arduino IDE，"板卡"选择"Arduino NG or older w/ ATmega8"，"编程器"选择 USBtinyISP，单击"烧写 Bootloader"，就可以看到下载器的 BUSY 灯开始亮，不到 1min，Bootloader 就下载好了。

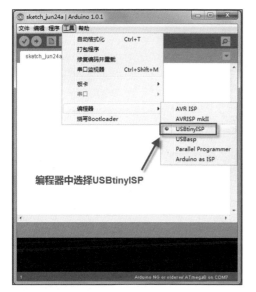

选编程器中选择USBtinyISP

③ 然后我们打开官方例子里的 Blink 代码，也就是让 D13 引脚输出 1s 高电平，然后输出 1s 低电平，循环往复。如果给 D13 引脚接上一个 LED，就会有闪烁的效果。

选择示例中的Blink

④ 这里很关键，编译程序后，选择"文件"里的"使用编程器下载"。下载好

以后，给 D13 引脚接上一个 LED，就可以看到 LED 在闪烁了。

可以使用编程器直接下载

2.3 通过串口下载程序

除了使用编程器下载程序，我们也可以通过串口给下载好 Bootloader 的最小系统下载程序，但是因为面包板电路的电气环境比较差，无法使用高速通信的 Bootloader，所以如果要进行下面的最小系统实验，我们还需要更换 0022 版本的 IDE。

① 首先，按照上面的步骤重新给 ATmega8 芯片刷 0022 IDE 的 Arduino NG 控制板的 Bootloader（此 Bootloader 速度慢一些，但是容易实现手工复位下载程序）。

② 我们给 D13 引脚串联一个 220Ω 的电阻和一个 LED（用作指示灯）；给 RST 引脚串联一个 10kΩ 电阻，接 VCC；同时再给 RST 引脚接一个按钮，按钮另一端接 GND，用来做手工复位。

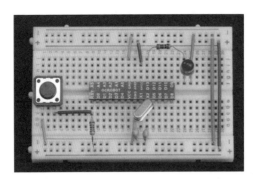

③ 然后，我们把 USB TO TTL 的 VCC 接最小系统面包板上的 VCC，GND 接 GND，TX 接 D0，RX 接 D1。

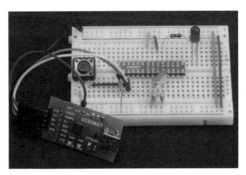

④ 运行 Arduino 0022 IDE，"板卡"选择 "Arduino NG or older w/ATmega8"，选好识别出来的端口号，同样选择 Blink 程序例子，编译，下载。

⑤ 请注意，下载时有一个最关键的步骤，那就是在单击下载按钮后，要立刻按一下面包板上的复位按钮，程序才可以正常下载。下载好以后，我们就可以看到 LED 在闪烁了。

Arduino 最小系统只是一个系统运行的最低要求，其他可以根据自己的实际需要进行扩展，做出个性化的 Arduino。

用洞洞板走进
Arduino 之门

◇卫小鲁

据说 Arduino 可以做交互式系统，能人所不能，身为传统单片机爱好者的我也手痒难耐，决心亲自动手实践，体验其中的乐趣。好在我对 AVR 单片机有所了解，也用它先后制作了相关作品，玩 Arduino 应该没有问题，不是说"完全不会硬件的人也能把它玩得非常顺畅吗"？那我这个使惯了螺丝刀、电烙铁的，就更加不在话下了。不管怎么说，总要试试吧。于是，我先搜集资料，到有关"Arduino"的网站上转一圈，资料还真不少，原来 Arduino 是开源的，谁都可以做。再看看，型号还不少，名字都很古怪，不过大体来说，不算 mini 型的，就两类，一类（也是大多数）是通过 USB 接口和计算机通信，另一类是使用 RS-232 串口电路，MCU 都是 AVR 单片机，从 ATmega8、168、328 到 1008，基本架构都差不多。除了 USB 部分以外，它使用的都是普通元器件。考虑到材料易得、制作简易、特别要适合洞洞板的条件，我决定以使用串口的 Freeduino v1.2 版原理图为基础制作，并按自己要求作了些"画蛇添足"的修改，结果如图 3.1 所示。下面来说说这个电路。

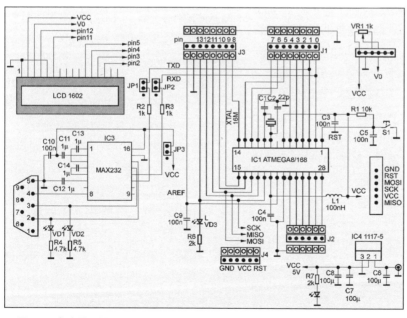

■ 图 3.1 电路原理图

3.1 电路

从图 3.1 可以看出,这不就是带 RS-232 串口的 AVR 单片机吗?没错,它的核心还是 AVR 单片机 ATmega8(或带 16KB Flash 的 ATmega168)。左边的是 MAX232,其功能是实现 RS-232 串口信号和 ATmega8 的 UART 信号的转换,以便单片机和上位机——计算机通信,在程序调试阶段上传下载。不过目前,只是在旧式计算机中还能找到 RS-232 串口,新式计算机上全部都是功能强大的 USB 接口。为了用这个电路,难道你还要专找旧计算机吗?其实不用,目前市场上早就有了 USB 转串口线,价钱不高,买一条不就解决问题了!否则,往普通洞洞板上装贴片 IC 很麻烦。图中跳线块 JP1、JP2、JP3 用于接上或者分离与 MAX232 的连接,这样便于把这个板子用于 AVR 单片机的其他开发试验。

单片机的接法就没有什么特殊了,注意 I/O 引脚全部引到插针排座上,其中 J1 连接 PORTD 口,主要用作数字输出;J3 连接 PORTB 口,除了数字输出外,着重是 PWM 输出;J2 则和 PORTC 口相连,用作模拟量输入。Arduino 的功能就是靠这 3 排插针座取得。J1 和 J3 的具体引出位置用 pin0~pin13 表示,其中 pin13 就是单片机的 PB5 口,并固定接有发光二极管 VD3(Arduino 标号为 L)和限流电阻,用于程序测试。

另外图 3.1 右上方加有一个插针排,用于提供 1602 液晶屏的电源和对比度控制 V0,液晶屏的数据线和控制线接到 pin2~pin5、pin11、pin12 各点(这是根据程序要求确定的,不得随意更改)。

1kΩ 电位器 VR1 用于液晶屏对比度控制,不用液晶屏时,也可提供可调的模拟电压。这些都是原图没有的。

Arduino 的这块电路板叫作 I/O 板,在实际应用中,除了直接用导线从它的排座孔引出信号外,主要是靠扩展的功能模块直接插在 I/O 板排座上,形成层叠式结构,所以这几个排座之间的距离不可任意为之。

电源比较简单,通过低压稳压集成电路 1117-5 把外部输入 7.5V 电压稳压为 5V,通过 J2 左边的电源排座 J4 可以引出到扩展板上。虽然直接用 USB 接口供电(5V)也是可以的,但考虑到这是个试验用板,还是直接从外部供电为好,以防万一不慎损坏 USB 接口。

3.2 元器件和制作

底板:用的是一块 10cm×10cm 的环氧万用板,1.5mm 厚,质量很好。比正规 Arduino 产品大些,但自己用也就无所谓了。它上面预先在一侧开好了电源座和 RS-232 的 9 孔 D 形座的焊孔,方便不少。

排针座 J1、J2、J3 和电源座 J4:将一条有 40 孔的成品截断使用。排座引脚最好是镀金的,焊接时保持它和底板垂直。

单片机:直插式用插座安装。如果用的是 ATmega8 单片机,就用 ATmega8-16PU,不要用 ATmega8L。如果用的是 ATmega168,那就用 ATmega168-20PU,不要用 ATmega168V,因为现在要以 16MHz 频率工作,带 L 和带 V 的单片机频率较低,只能以 10MHz 频率工作,ATmega8A-PU 应该没有问题。

MAX232:也是直插式,用插座安装。

16MHz 石英晶体剪掉一段引脚后用小型螺丝端子压紧安装，这样就能在不需要时把它去掉，使用单片机的内部振荡，使这个板子在不做 Arduino 应用时也可以做 AVR 单片机开发用。MAX232 的电容用小型直插式，其余电容用贴片式。所有电阻都用贴片式的，贴片元件都焊接在反面。稳压集成电路 AMS 1117-5 焊在电路板反面，用薄铁皮（紫铜皮最好）剪个小散热片焊上。

考虑到板子较大，把 J1、J2、J3 并联上排针，以便使用杜邦线，还增加了对应接地排座。这样一般做实验就不用另加面包板了。注意 J2 和 J1 的距离为 1.9 英寸（48.26mm）。

我花了一天工夫把它焊装完成，实物正面如图 3.2 所示。

■ 图 3.2　焊接完成的实物（正面）

完工后必须仔细检查，确保无短路和断路，不插集成电路空板送电，各电源点电压正常再进行下一步。

3.3　安装编程平台

如果没有配套的编程平台或环境，这个板子也就是个带 RS-232 串口的 AVR 单片机，并无新奇之处。要它依照 "duino" 的方式跑起来，就得在计算机中安装所必需的 Arduino 软件（软件来源是 Arduino 的官方网站）。根据你使用的操作系统选择合适的版本。不过在使用前还有一个关键的步骤就是要给单片机烧入引导程序。

3.4　烧入引导程序

因为 duino 一上来就要和计算机通信，通过串口上传和下载，我们必须在通电以后先自动完成这一步，才能继续往下走。我们事先必须在单片机 Flash 的引导区中固化引导程序，英文是 Bootloader。这个程序还与芯片和 I/O 板型号有关，不是随便抓一个就行的。假如 Arduino 程序在 D 盘安装，那么解压以后，可以在 D:\Arduino\hardware\Arduino\bootloaders\中进一步去搜索所需的 Bootloader。例如我现在用 ATmega8，那就放在文件夹 ATmega8 里面。板子上已经留有下载口，利用自制的并口下载线和原先一直在使用的 ponyprog2000 下载软件很快就可以烧好引导程序。

怎么证明引导程序已经烧好了呢？很简单，如果 ATmega8 是个裸片，那么加上电源后 VD3 不会有反应，当引导程序烧好后，则过一会 VD3 就会以比较慢的频率不停地闪亮。

对于经常鼓捣 AVR 单片机的人，做这个不过是小菜一碟，不过对于初学者，就需要准备下载线、下载软件等工具，而且这些东西也不是经常用，干脆买套件更省心。虽然在 Arduino 里面好像也能通过串口预装引导程序，但是不知何故笔者试了几次没有成功。

如果你用的是带串口的老式计算机，那就可以准备使用了。但是新式计算机没有串口，只有 USB 接口，那还得费点工夫。

3.5 安装 USB 转串口线的驱动程序

卖转接线的商家一般都会提供驱动程序，按照说明安装驱动程序就是了。安装后假如你的计算机没有串口，那么会增加一个虚拟串口 COM4 或 COM5，如果原来有串口 COM1，则增加一个虚拟串口 COM3，以下就使用 USB 线来工作。

3.6 试跑 Arduino IDE

在刚才解压的 D:\Arduino 文件夹中找到应用程序 Arduino，双击打开，计算机桌面上会显示出编程平台，如图 3.3 所示。Arduino 把程序叫作 Sketch。

■ 图 3.3　编程平台

展开 Tools 项，把 Serial Port 展开可见能够使用的串口号，加以勾选。

把 Board 项展开，可见 Arduino 板型号选择，选最下面的 Arduino NG or older w/ATmega8，如图 3.4 所示。

■ 图 3.4　选择型号

给板子插上电源，把 USB 转串口线一头插上计算机，另一头插上板子，通信指示灯 VD1、VD2 闪亮一下，VD3 闪亮数次。

我们可以从程序附带的大量例子开始试验，最简单的还是从闪灯起跑吧。选 File → Examples → 2.Digital → BlinkWithoutDelay，如图 3.5 所示。接着弹出一个程序副本，整个 Sketch 就在主窗口中，如图 3.6 所示。图 3.6 所示的英文中，从 /* 到 */ 都是注释部分，意思是接在数字口上的发光管的亮灭不使用延时函数，这意味着可以同时运行其他代码而不会被 LED 代码打断，以及 LED 是接在板子的 pin13 等。

■ 图 3.5　选择程序实例

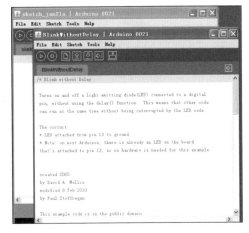

■ 图 3.6　相关程序

从本质来说，编程方式还是和 C 语言编程差不多，最前面是头文件包含，然后是常量、变量定义，再就是设置函数 void setup( )，功能是进行一些设置、变量初始化、引脚模式等，它只在程序开始时运行一次。后面是主循环 void loop( )，需要反复执行的主要工作都在这里面。实际上就是把标准 C 中必需的 int　main( ) 分成了两部分，一部分是 while(1){ } 之前的，等于 setup( )；另一部分是 while(1){ } 里面的，等于 loop( ){ }，不过这里有很多函数已经做好，以便随时取用。

先不研究这些差别，怎么让这个程序在板子上跑起来呢？按要求，先要让它生成可执行代码：单击最左面那个中间有个三角的圆圈，它会变成黄色，开始编译，如图 3.7 所示。等一会，黄色消失，下边提示黑框内会提示 "Binary sketch size:778 bytes"，如图 3.8 所示。这说明编译后的二进制可执行代码是 778 字节。好，可以运行了。单击中间有指向右边箭头的方框，它变为黄色的，开始准备往板子下载上述代

码并启动运行。等待数十秒，板子上的串口指示灯会交替闪亮数秒，等一会儿，提示框上方会指示 "Done uploading"，好了！再过一会，LED 开始以大约亮 1s、暗 1s 的频率不停地亮、灭，成功了。现在，把串口拔掉，把电源停掉，把板子和计算机脱离，再上电，不一会儿，LED 会同样亮、灭起来，说明程序已经固化到单片机的 Flash 中了。

■ 图 3.7　编译程序

■ 图 3.8　编译完成后

如果在 Sketch 中修改变量 interval 的赋值，例如把原有的 1000 改成 200，也就是把 long interval=1000 改成 long interval=200，再编译运行，会发现 LED 的闪动频率提高了很多。可以把修改后的程序保存到计算机上另一个自己建立的文件夹中，以后也可以把它调入重新编辑。

3.7 试试字符液晶屏

从以上实验可以发现，Arduino 的确能够让不了解 AVR 硬件的人也能够玩起 AVR，那些麻烦的端口设置、芯片初始化等在这里都不需要了。实际上这些操作硬件的手段都被 Arduino 仔细包装了起来，由它替我们来操作，类似于通过操作系统控制计算机，你只要会点击鼠标就行了，不必管 CPU 的引脚如何。

AVR 单片机也有比较复杂的应用，例如字符型液晶屏 LCD1602 的编程，又要写各种控制函数，又要写初始化函数，弄不好忙乎半天还是啥都看不见，但是，用 Arduino 就不同了，它有现成的例子。我们看看：打开 File → Examples → LiquidCrystal → HelloWorld，就是一个让 1602 液晶屏显示 HelloWorld 的程序，液晶屏的接线必须按图 3.1 所示进行连接，这也是程序的要求，注意液晶屏的 R/W 线要接地，使它总是在写状态。程序同样很简单，把它编译后下载运行，液晶屏第一行就显示 HelloWorld，第二行显示计秒，如图 3.9 所示，比用 AVR 单片机直接编程省事多了。

■ 图 3.9　用 1602 液晶屏显示字符

3.8 再补一句

Arduino 开源的特征，使它的入门门槛大大降低，确实可以做到不会硬件、不会 AVR 单片机也能进行微控制。大家都可以根据自己的条件来使用这个系统。当然，这不等于说不费吹灰之力就能把它用好、用活，要真正学好任何一件事物都是要下功夫的。

以上制作对于完全不会玩硬件的人来说还是有一定难度的，好在目前市场上的成品套件也很多，购买一套非常实用的套件，可以方便学习。

第 2 章

基础应用

◇连龙

Arduino 所使用的单片机大多属于 ATmega 系列，这个系列中很多单片机都有内部温度计功能，可用来测量内部的温度。我用的 Arduino UNO 是以 ATmega328P 为核心的，有温度测量功能，由此我想到制作一个非常简单的冷热指示装置。

4.1 设计

这里用两个不同颜色的 LED 来显示冷热。把红色 LED 和蓝色 LED 分别插在 Arduino 控制板的端口 2、3 和 4、5 上面。用内部的温度计来读取温度，然后使用 Arduino 的 analogWrite 函数来改变 LED 的状态，让 LED 亮起。电路图如图 4.1 所示。

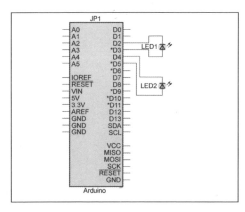

■ 图 4.1 电路图

4.2 温度测量

大家可以参照表 4.1 看一下自己的 Arduino 控制板有没有温度测量功能，具有温度测量功能的 ATmega 单片机的内部温度测量方法是读取 ADC 通道 8 的值，这样就可以不用其他芯片测量温度了。但是这种测量方法也有一定的问题，就是单片机在启动后会变得比外部热一些，所以测量的温度就会比外部的温度高，因此就需要一个偏移值来保证读出的温度不会和外部温度差距过大。代码 1 是温度测量函数，temp_offset 是偏移值。测得的电压和内部温度是线性关系，这样就可以知道温度了。这个温度的最大误差是 10℃，需要自己校正才能获得比较精确的温度，图 4.2 所示为用串口检测温度的结果。

■ 图 4.2 用串口检测温度

表 4.1 不同 AVR 单片机 /Arduino 是否有内部温度测量功能

AVR 单片机名称	Arduino	是否可进行内部温度测量
ATmega8/8L/8A		No
ATmega168		No
ATmega168A/168P		Yes
ATmega328/328P	UNO/Nano	Yes
ATmega1280/2560	MEGA/MEGA 2560	No
ATmega32U4	Yun/Leonardo/Micro	Yes

4.3 map 函数和 LED 控制

Arduino 有 map 函数来转换不同的范围，见代码 2。得到的数字如果大于 tempRef，那么就是热的，红色 LED 会因为 Arduino 的控制而亮起来；如果数字比 49 大，LED 就显示到最亮；如果数字在 tempRef 和 40 之间，那么用 map 函数来转换。map 函数的第一个参数是值，第二个参数是第一个参数所具有的最小值，第三个参数是第一个参数的最大值，第四个参数和第五个参数分别是输出的对应值。如 map(temp,tempRef,49,0,redMax)，temp 为 tempRef 时返回 0，temp 为 49 时返回 redMax（红色 LED 的最大输出）。因为没有电阻，只能降低输出的数值。蓝色 LED 也是这样，只不过使用 map 函数对温度进行处理时和红色 LED 相反。端口 2 和 4 输出低电平，来当作地。现在 Arduino 会在热的时候让红色 LED 亮起，在冷的时候让蓝色 LED 亮起。

代码 1

```
#define temp_offset 4
// 会在温度中减去这个数值
double GetTemp()
{
  uint16_t wADC;
  double t;
```

```
// 需要使用内部的 1.1V 参考电压来读取
温度，使用通道 8，不能用 analogRead
函数。以下为设置参考电压和通道
ADMUX = (1<<(REFS1))|(1<<(REFS
0))|0b1000;
ADCSRA |= (1<<(ADEN)); // 启用 ADC
delay(20); // 等电压稳定
ADCSRA |= 1<<(ADSC); // 开始转换
// 检测转换结果
while ((ADCSRA>>ADSC)&1);
// 读取转换值
wADC = (ADCH<<8)|ADCL;
// 转换温度数据
t = (wADC - 324.31) / 1.22 -
temp_offset;
// 返回摄氏度
return (t);
}
```

代码 2

```
#define redMax 30
#define blueMax 30
#define tempRef 25
void setup() {
// 设置
  Serial.begin(9600);
  pinMode(2,OUTPUT);
  pinMode(3,OUTPUT);
  pinMode(4,OUTPUT);
  pinMode(5,OUTPUT);
  digitalWrite(2,LOW);
  digitalWrite(4,LOW);
  digitalWrite(3,LOW);
  digitalWrite(5,LOW);
}
void loop() {
  // 循环
  double temp = GetTemp();
```

```
  Serial.println(temp);
  if(temp > tempRef){
    digitalWrite(5,LOW);
    if(temp > 40)
    analogWrite(3,redMax);
    else analogWrite(3,map(temp,
  tempRef,49,0,redMax));
}
```

```
else{
    digitalWrite(3,LOW);
    if(temp < 5)
    analogWrite(5,blueMax);
    else analogWrite(5,map(temp,
5,tempRef,blueMax,0));
  }
  delay(1000);
}
```

二进制温度计

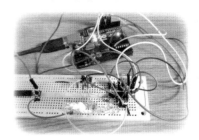

◇连龙

极客们有时会使用作品来展现自己的风格，比如二进制时钟就体现了极客的风格。看到了这个展现极客风格的设计，我也用 Arduino 做了一个二进制温度计。这个温度计用 8 个 LED 来显示 −64~63℃ 的温度，并且可以显示 0.5℃。题图所示是这个温度计的原型。

5.1 温度计算

首先这里用 8 个 LED 来显示温度（见表 5.1），第一个 LED（最左边的第 7 位）是符号位，亮是负数，灭是正数。因为这里用的是有符号的整数，0~6 位是用来显示温度的，如果是正数，可以直接读取温度，LED 的亮灭表示的是二进制值，把它转换成十进制，然后除以 2，就可以得到温度（这

样可以精确到 0.5℃，如果只读取整数部分，那么直接换算 1~6 位即可）。如果是负数，那么要用补码，首先把 8 个位用二进制表示，再减 1，取反，乘以 2 就可以得到数值。负数的计算比较复杂，因为计算机就是这么用补码进行计算的，大家可以用计算器来算。不过通常测量的温度不会是负的，所以一般用正数计算就可以。这里给大家提供一个计算的工具，大家只需要把 LED 的亮和暗（二进制数据）输入进去，单击 "Convert" 就可以计算出温度（见图 5.1）。

```
LED Off 0 LED On 1

01010000          Convert

Temperature:40℃
```

■ **图 5.1 温度计算工具**

表 5.1 用 8 个 LED（8 位）显示温度

位 7	位 6	位 5	位 4	位 3	位 2	位 1	位 0
符号位	数字位						数字位小数点后 0.5 的显示

5.2 温度计的电路设计

温度计电路原理图如图 5.2 所示，这里用了 74HC595 芯片来点亮 LED，这个芯片是一个 8 位的移位寄存器，如图 5.3 所示。不同厂家给引脚起了不同的名字，但使用方式是相同的，这里用德州仪器的引脚名来介

绍。Arduino 把数据通过 SER 引脚输入芯片，这样的输入方式和 SPI 一样，只不过只需要写入而不用读取数据；并且在 SRCLK 上输入时钟，每输入一个数据，时钟从低到高升高一次。数据进入寄存器，然后 RCLK 升高，数据又被存在锁存器内，然后通过三态门。如果 $\overline{OE}$ 是高电平，那么输出引脚就

是高阻抗状态；如果 $\overline{OE}$ 是低电平，那么芯片会用 8 个输出口（QA~QH）来输出数据。这里 QA 接最左边的 LED，QB 连接第二个 LED，以此类推。如果要清除移位寄存器的数据，就可以把 $\overline{SRCLR}$ 拉低。$Q_H{}'$ 是级联时使用的，这个引脚也能输出，但是不接锁存器，可以用来连接其他 74HC595。如果要级联，就把 $Q_H{}'$ 接到下一个 74HC595 的 SER 引脚上，用同样的 SRCLK 就可以级联，这样就可以点亮 LED。

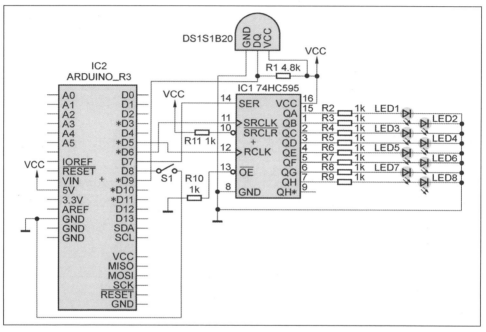

■ 图 5.2　温度计电路原理图

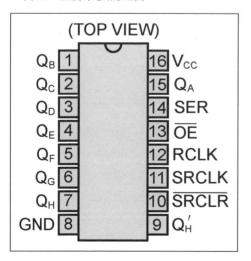

■ 图 5.3　74HC595 的引脚

DS18B20 是一个使用单线接口的温度读取芯片，这个芯片只需要一根线就可以读取数据，并且具有寄生电源的功能。这里单线接口需要加一个上拉电阻来拉高电平，这样就可以读取数据。

这里还有一个按钮，使用了 ATmega 328p 的内部上拉电阻。按一下按钮后，就会显示温度，2s 后关闭温度显示，这里不用添加电容来消除按钮振动导致的读取到多次按下，因为程序里只要检测到低电平就更新时间，按一下和多次按下的效果几乎相同。

5.3 Arduino 程序设计

这 里 用 DallasTemperature 库 来 读取温度，这个库的操作方法可以看库的实例。这个库不能直接使用，还需要另外一个 OneWire 库，把两个库下载以后放入 Arduino IDE 的 libaries 文件夹就可以了。这里给出一部分代码供参考，其中 ShiftOut 是 74HC595 的输出函数，它的定义在文件里。

```
OneWireoneWire(ONE_WIRE_BUS);
DallasTemperature sensors(&oneWire);
DeviceAddressdeviceAddress;
unsigned long longlastbuttontime;
void setup(void)
{
  pinMode(SHIFTOUT_LATCH,OUTPUT);
  pinMode(SHIFTOUT_CLK,OUTPUT);
  pinMode(SHIFTOUT_DATA,OUTPUT);
  pinMode(BUTTON,INPUT_PULLUP);
  // 引脚模式转换
  digitalWrite(SHIFTOUT_CLK, 0);
  // 清除 SRCLK
  ShiftOut(0b11111111);
  // 先点亮 LED
  Serial.begin(9600);
  Serial.println("Binary Temperature Detector");
  Serial.print("Locating devices...");
  sensors.begin();
  Serial.print("Found");
  Serial.print(sensors.getDeviceCount(), DEC);
  Serial.println("devices.");
  if (!sensors.getAddress(deviceAddress, 0)) Serial.println("Unable to
find address for Device 0");
  // 检测温度读取芯片
  ShiftOut(0b00000000);
  // 熄灭 LED
  lastbuttontime = millis();
  // 一开始显示温度，2s 后不显示，如果改为 lastbuttontime = -1，那么一开始就不显示温度
}
void loop(void)
{
  float temp;
  sensors.requestTemperatures();
  // 给所有的温度读取芯片发送请求
  temp = sensors.getTempC(deviceAddress);
  // 获得温度
  Serial.print("Temp C: ");
  Serial.println(temp);// 输出温度
  if(digitalRead(BUTTON) == 0){
    lastbuttontime = millis();
```

```
    // 设置变量里存储的时间, 这时会清除时间标记
  }
  // 如果按下就更新变量里存储的时间
  if(lastbuttontime != -1){// 如果没有标记
    if((millis() - lastbuttontime) <= 2000){
      // 在按下按钮后 2s 之内, 更新显示温度
      if(temp < -64 || temp > 63.5){ShiftOut(0b10101010);
      // 温度超过 LED 的显示范围或者没有收到温度读取芯片的数据
      }
      else{
        ShiftOut((unsigned byte)(temp*2)); // 用 LED 显示温度
      }
    }
    else{
      ShiftOut(0b00000000);// 超过 2s 并且没有标记, 关闭显示
      lastbuttontime = -1;// 制作标记, 只关闭显示 1 次
    }
  }
}
```

大家写入程序后, 可以先连接温度读取芯片和上拉电阻, 然后用 Arduino IDE 看输出的数据, 如果输出数据是当前温度, 再接 74HC595 和电阻、LED 等其他元器件。

这样在调试成功后, 只需要按一下按钮就可以显示出温度, 把二进制显示的温度换算一下就知道当前的温度了。

锂电池电量测量装置

◇连龙

我有一个 18650 锂离子电池，使用专用的充电器充电，每次充电完成后，充电器都会有提示。但是用过或闲置以后，就不知道锂电池还有多少电了，所以我用面包板制作了一个锂电池电量测量装置（见图 6.1）。这个制作使用了 Arduino，用 4 个 LED 指示电量，把锂电池插入电池槽，就可以测出锂电池的剩余电量。如果要读取出锂电池当前的电压，只需要把锂电池给 Arduino 的供电拔掉，插入 USB 接口，就可以通过串口看到锂电池的电压和等级。

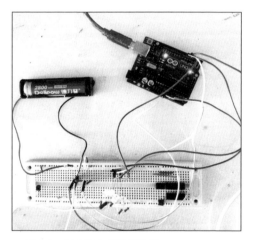

■ **图 6.1 锂电池电量测量装置**

6.1 电路原理

电路原理图如图 6.2 所示，Arduino 使用 A0 口把锂电池分压后的电压数值采样，然后转换，用 LED 和串口输出。R1~R4 是 LED 的限流电阻，R5~R8 是分压电阻。A0 口的电压是锂电池电压的 1/4，分压是因为内部使用 1.1V 的稳压源，我的锂电池的最大电压是 4.2V，分压后最大不会超过 1.1V，所以可以测量。使用 1.1V 的参考源和分压最大可以读取 4.4V 的电压。这样就可以让 Arduino 安全的读取数据。增加一处跳线是为了让 Arduino 能切换用 USB 还是锂电池供电，拔掉跳线、插入 USB 接口，就可以通过串口来读取电压，此时 Arduino 的 5V 引脚就会输出 5V，所以要拔掉跳线以防短路。拔掉 USB 接口、插入跳线，就可以使用锂电池供电，这样就可以不用 USB 来读到电压。锂电池的电压一般在 3.7V 左右，虽然不是 5V，但是可以给 Arduino 供电，因为根据 Arduino UNO 的熔丝设置，低压断电的电压可以是 2.7V。

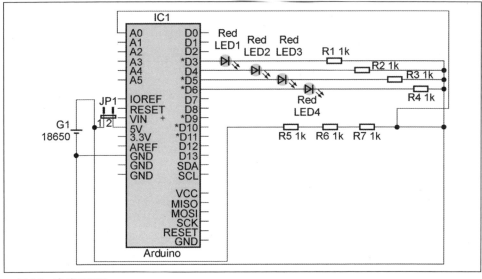

■ 图6.2 电路原理图

6.2 程序设计

```
double MinV = 3.2;
double MaxV = 4.2;
double volt;
unsigned int rate;
void LED(unsigned int light){
  if(light == 5){
    digitalWrite(3,HIGH);
    digitalWrite(4,HIGH);
    digitalWrite(5,HIGH);
    digitalWrite(6,HIGH);
  }
  else{
    digitalWrite(3,LOW);
    digitalWrite(4,LOW);
    digitalWrite(5,LOW);
    digitalWrite(6,LOW);
    if(light >= 1 && light <= 4){
      digitalWrite(3-1+light,HIGH);
    }
  }
}
void setup() {
  pinMode(A0,INPUT);
  pinMode(3,OUTPUT);
  pinMode(4,OUTPUT);
  pinMode(5,OUTPUT);
  pinMode(6,OUTPUT);
  analogReference(INTERNAL);
  Serial.begin(115200);
}
void loop() {
  volt = analogRead(A0)/(double)
1023.0*1.1*4;
  rate = (volt - MinV) * (4 - 1)
/(MaxV - MinV) +1;
  Serial.println(volt);
  Serial.println(rate);
  if(rate < 1 || rate > 4){
    LED(5);
    delay(500);
    LED(0);
    delay(500);
  }
  else{
    Serial.print("Rate:");
    Serial.println(rate);
    LED(rate);
    delay(1000);
  }
}
```

在程序中，数字口3、4、5、6是LED的输出口；analogReference 是输入电压的参考; INTERNAL 是内部 1.1V 电压（Arduino Mega 要使用 INTERNAL1V1），这里使用内部 1.1V 稳压源，是因为锂电池供电时如果不使用内部稳压源，由于锂电池电压和电源电压相同，analogRead(A0) 会一直输出 1023，没有办法测量出锂电池的电压；volt 是双精度浮点的电压变量。LED() 是 LED 的输出函数，参数 light 为 0 时所有 LED 不发光，为 1~4 时点亮相应的 LED，为 5 时点亮全部 LED。MinV 和 MaxV 是电压的最小值和最大值，程序约每 1s 更新一次电压数据，根据电压来决定点亮哪个灯（计算出变量 rate）。如果发现锂电池的电压超过最大电压或者小于最小电压，LED 就开始闪烁。这里不用 map 函数是因为 map 函数读取的数值是 long 类型，输出也是 long 类型，没有办法使用小数。这里用了 Arduino 的 map 函数的代码，只不过不用 long 类型，而是直接把代码拿出来，用 double 类型计算，这

样就可以计算小数。下载完程序，使用这个装置就能测量锂电池的电压了，通过串口还能读取到电压值（见图 6.3）。

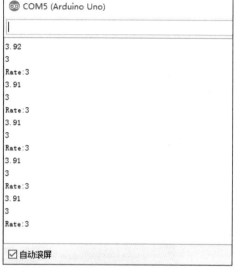

■ 图 6.3　通过串口读取电压值

O7 播放音乐超简单

◇杨思文

　　大家一定很想知道用 Arduino 播放音乐是如何实现的，实现起来方不方便，今天就来为大家揭开这个秘密。

　　加几个按键，这个小制作就能变成简易的音频播放器。当然，不是直接播放 MP3 文件，事先还要对文件进行格式转换。用8 位单片机做 MP3 解码的话，不可能实现流畅播放，记得当年配备 50MHz 486 CPU、20MB 内存的电脑，还需要装 Linux 才能播放 MP3 不卡，在 Windows 下播放 MP3 会卡得要死。

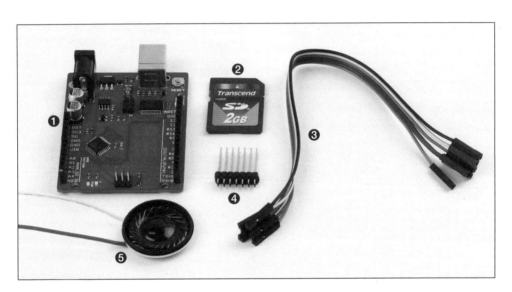

制作所需的器材：

❶ Arduino控制板一块　❷ SD卡一张　❸ 7pin双排长针一条或7pin双排针、单排针各一条
❹ 7pin杜邦线一排　❺ 扬声器一个

7.1 制作简易的 SD 读卡器

1 用平口钳子把长排针的座子往下压，成以下形状。

2 然后用平口钳把双排长针弯折成以下形状。

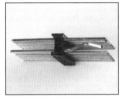

3 所有针都弯好后就是这个样子，可以插入 SD 卡了。

4 当然，你也可以用 7pin 双排针和单排针把双排针弯折成如右图所示的形状，然后用电烙铁把单排针和双排针焊在一起。

7.2 音频格式的转换

1 要用 SoX 软件对要播放的音频文件进行格式转换，根据你的 Arduino 板子的工作频率选择合适的批处理程序，我们选择了 Arduino with 16MHz。然后可以看到很多转换模式，这里选择了

FullRate@16MHz_Mono（全速率单声道）这个模式。将 MP3 文件拖到这个批处理文件上即可。

2 当出现如下提示时，转换就完成了。你会发现新建了一个 converted 文件夹，转换好的文件就在里面。你需要将 SD 卡格式化成 FAT 格式，然后将刚才生成的文件放到 SD 卡根目录下。注意，文件名不能使用中文。

7.3 连接硬件、下载程序

1 将 SD 卡按如图所示方式连接到 Arduino 控制板。将扬声器正极接到 D9，负极接到 GND。可以在扬声器负极和 GND 之间串联一颗 $10\mu F$ 以上的电容，这样音质会更好。注意，用 5V I/O 操作 SD 卡最好做一下电平转换，比如加一块 CD4050，本文用的是 3.3V 版本的 Arduino，所以不需要做电平转换。

❷ 将库文件 SimpleSDAudio 添加到 libraries 文件夹里。

❸ 下载库里面的 MostFunctionDemo.ino 程序。

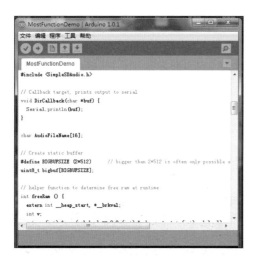

❹ 下载完成后，打开串口调试器，如果没有出错，你会看到以下画面。

❺ 然后，将你要播放的文件名输入后发送，正常情况下会出现以下提示。

❻ 然后，发送"p"就可以播放了，你会从扬声器中听到优美的歌曲。

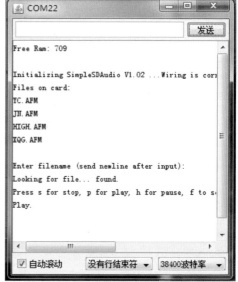

驱动触摸屏

◇毛小明

买了 12864 液晶屏后，总觉得少点儿什么，如果有个配套的触摸屏会更加漂亮。结果在网上搜了半天，居然买不到带触摸屏的 12864 模块。

我开始怀疑我的脑袋是不是不正常了，这怎么也应该是个基础需求吧？有触摸屏的话，可以省去很多按钮，面板设计也会更简洁。

量了一下，我买的 12864 属于低端产品，屏幕约 3.2 英寸。在网上又搜了一下，唯一的 3.2 英寸触摸屏是手机专用的，不敢冒险，直接买了一块最常见的 3.4 英寸 4 线电阻式触摸屏，是个已经粘好了玻璃的面板（见图 8.1），同时又买了个配套的插座（见图 8.2）。虽然大了点儿，但肯定有办法用上。

放在一起比了一下，3.4 英寸的触摸屏和 12864 液晶屏宽度一样，但高度长出一些，很难看（见图 8.3）。我突发灵感，何不把空白部分做成触摸屏按钮？于是立即行动，简单设计完毕，用彩色激光打印机打了一张（见图 8.4）。起初，为追求质感，怕漏光，我用的是卡片纸，后来发现纯属画蛇添足，改用普通白纸打印，画面更细腻，整体也更平整。加上按钮后，屏幕看起来漂亮多了，包括颜色，各方面很协调（见图 8.5）。

■ 图 8.1　3.4 英寸触摸屏，成品硬屏

■ 图 8.2　触摸屏连接器

■ 图 8.3　放在一起比一下，触摸屏比 12864 液晶屏大了很多，非常难看

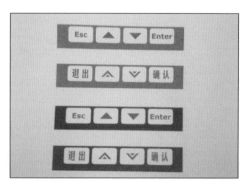

图 8.4 我突发灵感，把空白位置做成固定的按钮，按钮用彩色激光打印机打印

图 8.5 加上按钮后，屏幕看起来漂亮多了

8.1 连接方法

屏幕与 Arduino 控制板的连接非常简单，触摸屏 1、2、3、4 脚接 ANALOG IN 0、1、2、3，然后所有 4 个引脚各挂一个 10kΩ 电阻，连接到 GND 即可。接线图见图 8.6，这是我第一次用 Fritzin 画图，不太熟练，总觉得画出来和纯粹的电路图比很可笑。不过我想这正是 Arduino 能迅速普及的原因——它就是个积木。

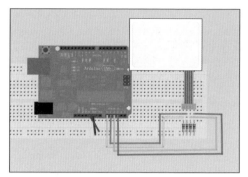

图 8.6 触摸屏与 Arduino 连接示意图

8.2 触摸屏的使用与编程

我先自己写了个类，分两行做实时动态显示。第一次上手，代码写得有些笨拙，只算是能工作了。后来，我又从网上找了个特别强大的 LCD 显示库——U8glib，拿来就用，效果很好。

按钮的定位方法是：点亮 LCD，使其显示触摸坐标，再随便找个手写笔，分别点下相应按钮的四角，就可以得到 4 个触摸坐标（见图 8.7）；然后把这些坐标设置为初始化参数就可以划分按钮区域，使按钮正常工作了。

图 8.7 点亮 LCD，使其显示触摸坐标，可以测试出按钮区域的坐标

大家可以在网络上下载到 U8glib 库的最新版本。在 U8glib 库里，Arduino 和 12864 是可以以多种形式通信的，U8glib

兼容的 12864 芯片非常丰富，包括几种驱动芯片。我用的 12864 屏是 ST7920 芯片，希望以 SPI 形式工作，因此将相应行前面的注释去掉，改为：

```
U8GLIB_ST7920_128X64 u8g(3, 9, 8, U8G_
PIN_NONE);// SPI Com: SCK = en =3, MOSI
= rw = 9, CS = di = 8
```

12864 和 Arduino 的连接关系为：

12864 ST7920	Arduino
SCK	3
EN	3
MOSI	9
RW	9
CS	8
DI	8

U8glib 库居然支持我最喜欢的 0408 字体，简单排了下版，可以轻松显示 6 行字，但不支持中文，好在菜单也是自己人用，英文的也挺方便，而且内容丰富。图 8.8 所示是为办公室鱼缸做的控制器界面，右边游动的箭头就是候选项。

■ 图 8.8　第一版菜单清淡出炉

征求了一下同事意见，他们居然都认为这个太简陋，于是我决定设计一个最华丽的 12864 菜单模板。图 8.9 所示是多级菜单的设计，做成了华丽的文件夹式，支持多级菜单，根据我的使用需求，做成了 3 级深度。

■ 图 8.9　改进版的 3 级菜单

最上方一行是主标题，右面显示的文件夹个数就是菜单选项的数量，每屏可以显示 5 行菜单，这里有 15 个菜单选项，所以有 3 个文件夹。点击下移按钮可以选择菜单，对应的菜单做反白显示，如果从第 5 行移到第 6 行，内容支持自动翻页。进入二级菜单后，主标题内容改为显示二级菜单标题内容，依旧根据菜单数量显示文件夹个数。

我还顺手做了个温度传感器的坐标显示界面，也很精致，如图 8.10 所示。

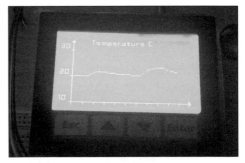

■ 图 8.10　温度传感器的坐标显示界面

我还在 U8glib 自带的实例中找到了一个国际象棋的例子——Chess，很轻松就调通了，效果非常棒，如图 8.11 所示。这是个纯 C 程序，我数了一下程序的行数，居然接近 2400 行，应该是移植的。

■ 图 8.11　U8glib 自带的国际象棋的例子——Chess

　　Arduino 做这类应用，资源非常丰富，而且二次开发难度不大。整个华丽版菜单用了连续两周的时间写成，而且前提是我是个绝对的新手，中间还有一周在滑雪……

　　用数据说话：华丽版菜单包括注释一共257 行，我简单数了一下，其中配置 32 行，排版、初始化样式 51 行，触摸屏功能 74 行，菜单功能 76 行，其他 24 行。

　　由此可见，Arduino 绝对可以缩短开发周期，既然可以省下来这么多时间，我们就尽情享受创作的乐趣吧！

09 Step by Step 学红外遥控

◇朱玲

前一段时间看到了使用红外遥控的 X-Bot 机器人，感觉很有意思，最近也开始玩 Arduino 与红外遥控。一方面打算将来用于机器人之间的通信控制，另一方面源自对家里机顶盒遥控器粗糙手感的小抱怨。市面上所谓的万能遥控器，不论是做工质量还是识别性能，实在让人不爽。本教程基于 Arduino 的 IRremote 红外库，将给大家介绍红外遥控的基本使用方法和两个应用案例——用电视红外遥控器取代机顶盒遥控器来操作电视机、用电视遥控器控制电脑实现无线键盘。

9.1 红外接收

首先，我们需要做些基本的小实验，将手里的遥控器编码进行记录，获取所有按键的编码。

9.1.1 硬件部分

所需硬件如图 9.1 所示。电路如图 9.2 所示（图片包含红外发射部分，摘自 IRremote 库作者 blog），非常简单。将 30kHz 一体化红外接收器的 3 个引脚分别连接到 Arduino 的 5V、GND 和数字引脚 11 上即可。旁边是红外发射二极管的接线，需要串联一个 100Ω 的限流电阻。用 Fritzing 绘制的接线图如图 9.3 所示。

关于硬件，这里有几点说明。

硬件一览

1. 一块Arduino UNO兼容主板
2. 一个38kHz的一体化红外接收器（PC838）
3. 一个红外发射二极管（5mm）
4. 一个100Ω电阻
5. 一块迷你面包板和5根面包线

■ 图 9.1　硬件一览

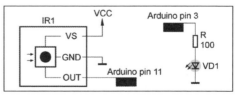

■ 图 9.2　电路图

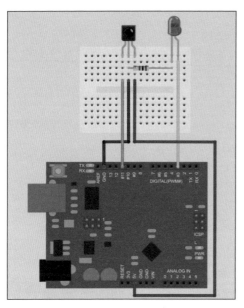

■ 图 9.3 用 Fritzing 绘制的接线图

（1）红外发射二极管的外形通常跟普通的发光二极管一样，都是透明的小圆头。其型号无所谓，常见的尺寸有 3mm 和 5mm。默认配置下，它必须接到 Arduino 的数字端口 3 上，而红外发射的频率取决于 Arduino 程序，与硬件本身无关。例如，NEC 使用的频率是 38kHz，而 SONY 使用的是 40kHz。

（2）红外接收器不是全部能用，接收头分为电平型和脉冲型，电平型的应用比较少，一般家里的遥控器用的都是脉冲型。红外线接收头一般有 5 种载波频率（33kHz、36kHz、38kHz、40kHz、56kHz），家电最常用的是 38kHz。笔者用 Arduino IRremote 测试过 PC838，也有网友成功测试过 HS0038B 和 IRM_3638 等，这些型号的尾数 "38" 表示的就是 38kHz。如果大家想接收 SONY 的 40kHz 编码，就得另选型号了。

（3）为了保护 Arduino 主板，100Ω 的限流电阻必须要用。

（4）有的红外接收器集成了三极管，所以不需要为了增加功率，额外再接一个三极管，如图 9.4 所示，请参考元件的 Datesheet。

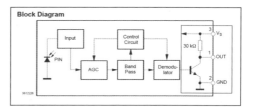

■ 图 9.4 有的红外接收器集成了三极管（摘自产品说明书）

9.1.2 安装 IRremote 库

将下载好的 IRremote 库文件解压到 arduino-1.0.3\libraries 文件夹下，如图 9.5 所示。

■ 图 9.5 解压 IRremote 库

小提示

IRremote 红外遥控器库可以让你轻松实现多协议红外遥控编码的发送和接收。它支持 NEC、SONY SIRC、Philips RC5、Philips RC6 等主流红外协议和原始协议。如果你需要额外的协议，还可轻松增加。本库甚至可以记录你的遥控编码并重新发送，如同一个小型的万能遥控器。

9.1.3 复制代码并下载程序

大家可以使用我提供的代码（见图 9.6），或者直接用 IRremote 库中 IRrecvDemo 样例。关于各个函数的功能，在代码的注释中已经说明，唯一需要注意的是"irrecv.resume( );"这条函数是必须有的，否则 Arduino 不会接收下一个按键编码。

■ 图 9.6 复制代码并下载程序

9.1.4 记录红外编码

打开 AccessPort 串口助手软件，在"工具→配置参数"中（或按 F2）选择 Arduino 所使用的串口，并启用监控。手持电视遥控器，依序按键，记录红外编码（见图 9.7）。

考虑到目前市面上常见的电视或机顶盒遥控器都是采用 NEC 格式的，即我们上面看到的由 8 个 16 进制数组成的编码（32位），这里就给大家多介绍一些有关原理。其中"FFFFFFFF"表示 NEC 重复按键（一直按住按钮不放），这是只有 NEC 协议才有的，其他大部分协议都是重复发送相同的按键编码。为了避免因我们一直按下按键而导致误操作，大家可以在程序中过滤掉这个编码。如果大家接收的不是这种格式的编码，可以用 IRremote 库中 IRrecvDump

样例来查看当前遥控器的编码类型和信息。图 9.8 所示为 NEC 编码所得结果。

■ 图 9.7 用 AccessPort 串口助手软件记录红外编码

■ 图 9.8 NEC 编码所得结果

看着一串串的数字是不是有些眩晕的感觉？其实这些数字都是有规律的。图中 Raw 原始数据一共 68 个数值，数值前缀是减号（-）的为空格（Space），表示低电平脉冲的持续时间；前缀是空格的为信号（Mark），表示高电平脉冲的持续时间。忽略首尾两个数值，然后前两位表示同步脉冲，剩下的 64 个数值才是我们所需要的编码数据。其中每两个数值表示一个位（bit），共 32 位。它们依次为 16 位的地址码（此遥控器为 NEC 扩展标准，标准的 NEC 是一个 8 位地址编码和一个 8 位地址编码的反码）、一个 8 位数据编码和一个 8 位的数据编码反码。反码是用来校验数据有效性的，如果不想用地址和数据反码，可以把范围扩展至 256 个有效地址，约 65000 个不同的值。对于测量数值的时间长短，根据 NEC 编码规则，都是有严格要求和含义的，Arduino 的 IRremote 库对其计时进行了适当取整，如表 9.1 所示。

根据表 9.1 中数据，红外接收器首先应接收到 9000μs 的信号和 4500μs 的空格作为同步脉冲，然后开始接收数据。如果接收到的是 560μs 信号和 1600μs 空格，则为位 1；如果分别接收到 560μs 的信号和空格，则为位 0。不过考虑到实际测量可能与设定的理论值不符，所以 IRremote 库有一个默认的容差值 20%。只要测量时间在设定值的 ±20% 之内，即视为有效值。例如，图 9.8 中最后一组数值"550 –1650"表示信号时长 550μs 和空格时长 1650μs，都在 ±20% 容差范围内，即 bit 位为 1。如果某个数值超出容差范围，则视为无效编码而被忽略。当然，如果大家发现红外发射设备的数值变化范围较大，也可以修改库 IRremoteint.h 文件中的"TOLERANCE"容差参数，增加有效值范围。

表 9.1　NEC 协议计时定义

定义	时长（μs）
同步脉冲信号	9000
同步脉冲空格	4500
位 1 信号	560
位 1 空格	1600
位 0 信号	560
位 0 空格	560
重复空格	2250

9.2　红外发射

本节的主要目的是测试我们采集的编码是否正确，同时测试发射部分电路是否工作正常。

硬件电路是在前面的基础上搭建的，增加了红外发射二极管和限流电阻（见图 9.9）。

■ 图 9.9　硬件电路

9.2.1　修改代码并下载

根据前面所记录的红外编码，任选其一作为发射编码，例如本例选择频道增加按键。大家可以根据自己的情况修改程序中 sendNEC( ) 的红外编码（见图 9.10）。如果你的遥控器是 SONY 或者其他品牌的，很可能在前面得到的编码不是"Decoded NEC"，而是 SONY 或者其他类型和长度的编码，则需要改成相应的发射函数，例如 sendSony( )。更多的发射函数请参考 IRremote 库的 Wiki 说明。

■ 图 9.10　根据自己的情况修改程序中 sendNEC ( ) 的红外编码

9.2.2 功能测试

代码运行时会先点亮红外发射二极管 3s，由于红外光是人眼不可见的，需要在手机或相机等镜头下才能看到（见图 9.11），然后每 3s 发射一次频道增加指令。

如果二极管没有亮，请检查引脚是否插反。

IRremote 库不仅支持大部分 Arduino 主板，还支持其他非常多的主板和芯片，如表 9.2 所示，其中绿色部分是默认的引脚。

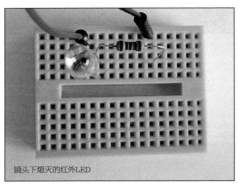

镜头下熄灭的红外LED

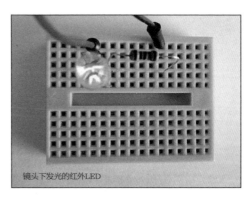

镜头下发光的红外LED

■ **图 9.11 代码运行时会先点亮红外发射二极管**

表 9.2 IRremote 红外库支持的主板和芯片列表

主板	芯片	定时器 1	定时器 2	定时器 3	定时器 4	定时器 5
Arduino UNO	ATmega328	9	3	×	×	×
Arduino Leonardo & Micro	ATmega32U4	9	3	×	×	×
Arduino Duemilanove, Mini, Nano	ATmega328	9	3	×	×	×
Arduino Diecimila, LilyPad, Fio, etc	ATmega328	9	3	×	×	×
Arduino Mega	ATmega1280	11	9	5	6	46
	ATmega2560	11	9	5	6	46
Teensy 1.0	AT90USB162	17	×	×	×	×
Teensy 2.0	ATmega32U4	14	9	×	10	×
Teensy++ 1.0 & 2.0	AT90USB646	25	1	16	×	×
	AT90USB1286	25	1	16	×	×
Sanguino	ATmega644P	13	14	×	×	×
	ATmega644	13	14	×	×	×
ATmega8	ATmega8P	9	×	×	×	×
	ATmega8	9	×	×	×	×

大家也可以通过修改 IRremoteint.h 文件中计时器配置来选择其他引脚（见图 9.12，注意，此修改需要重启 Arduino 界面才能生效）。例如 Arduino 不是只能用数字引脚 3，还可以使用数字引脚 9 作为其红外发射的输出。而这点在与其他库定时器冲突时显得格外有用，因为有时候红外遥控不工作的可能原因之一就是定时器冲突。

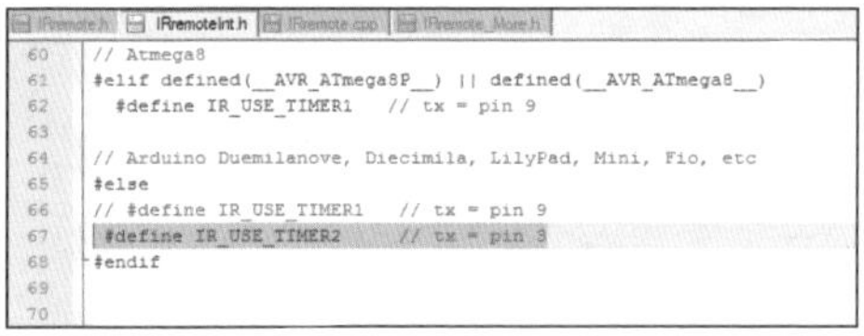

■ 图 9.13   硬件连接

```
60    // Atmega8
61    #elif defined(__AVR_ATmega8P__) || defined(__AVR_ATmega8__)
62      #define IR_USE_TIMER1   // tx = pin 9
63
64    // Arduino Duemilanove, Diecimila, LilyPad, Mini, Fio, etc
65    #else
66    // #define IR_USE_TIMER1   // tx = pin 9
67    #define IR_USE_TIMER2    // tx = pin 3
68    #endif
69
70
```

■ 图 9.12   修改 IRremoteint.h 文件中计时器配置来选择其他引脚

9.3   让电视遥控器控制机顶盒

如果大家也跟笔者一样，对机顶盒遥控器和所谓的万能遥控器的手感耿耿于怀，或者经常为一堆遥控器不知道丢哪了而困扰的话，本节将会给你一个解决方案——红外转码，通过一个遥控器对所有红外遥控设备进行控制。本例向大家展示的 Arduino 制作，不但能用电视遥控器控制电视，同时也能控制机顶盒，可谓一举两得。在制作的过程中，笔者发现统计、整理和映射红外编码不仅枯燥，而且烦琐。最痛苦的是，如果串行或者写错一个，排查起来也很困难，所以设计了一个名为 IR_Lib 的 Execel 表格。它不仅包含了常用的电视机、机顶盒、影碟机等常用按键的定义，还有一些自动化的操作来提高编程效率。硬件连接直接使用前一节的即可（见图 9.13），本节主要讲解 Arduino软件结构和 IR_Lib 的操作。

9.3.1   控制原理

红外接收器将接收到的电视遥控器编码，通过映射表查到对应的机顶盒编码，并将其发射出去，从而实现控制，其软件架构如图 9.14 所示。本程序除了主程序负责进行映射运算以外，其他的子程序都是数组，保存了红外发射和接收的编码、按键信息和电脑按键编码，然后通过 Mapping.h 实现对数组索引的映射。通过模块化的设计，程序更加灵活，便于维护。如果更换遥控器，只需对相应子程序的数组进行代码更新即可，主程序不需要进行任何修改。

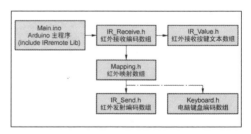

■ 图 9.14   软件架构

9.3.2   记录红外编码

按照第一节的操作，下载 IRrecvDemo样例，并用串口助手 AccessPort 按顺序记录遥控器的按键。即使重复按键也没关系，

IR_Lib 可以自动过滤掉重复按键和多余空格。这里我们使用的是 LG 液晶电视机和海信机顶盒的两个遥控器。

9.3.3 在 Excel 中操作

打开 Excel，允许宏运行（见图 9.15）。将串口助手 AccessPort 记录的红外接收编码，全部复制到 Step01 表中（见图 9.16），将串口助手 AccessPort 记录的红外发射编码，全部复制到 Step02 表。在表 main 中单击 Step03 按钮，更新数据，注意，部分编码可能被 Excel 误识别成诸如"1.23E+07"的错误代码，是因为代码中特殊位置含有 E，需要手工修正，只要在按键编码前面加入单引号（'）即可解决。

■ 图 9.15 打开 Excel，允许宏运行

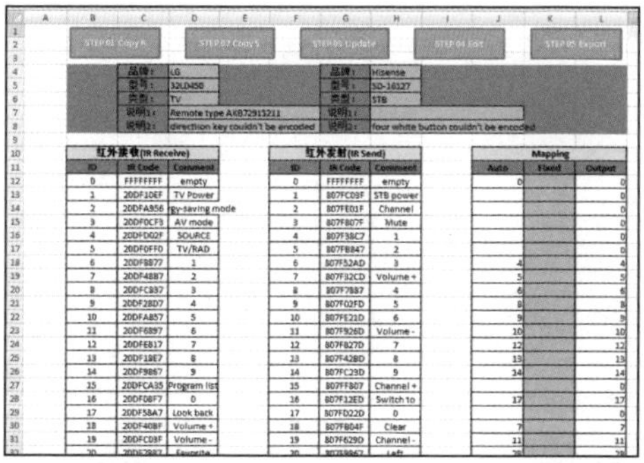

■ 图 9.16 复制自串口助手 AccessPort 的记录

手动输入设备有关信息，并对编码进行 Comment（名称注释）的匹配。Comment 列根据 AccessPort 记录的编码按键顺序对号入座即可。下拉菜单中包含了电视机、机顶盒和影碟机等常用按键的定义。如果用户的按键无法在名称注释的下拉菜单中找到，可在 lib 标签的 100 号以后进行自定义添加。大家应尽量让语义相近的按键使用相同的名称注释，以便于下一步的自动匹配。

在 Mapping 的 Fixed 栏内对编码匹配进行修正。自动匹配（Atuo Mapping）可以降低映射的工作量，但目前只能将红外发射与接收中已有的 Comment 进行自动匹配定义，对用户自定义或者无法匹配的则不输出，需要用户手动在 Fixed 列中修正或添加。

单击 Step05 按钮进行配置导出（见图 9.17）。单击按钮"COPY 01 R"，然后直接在 Arduino 的子程序"IR_Receive.h"中覆盖粘贴即可。然后依次点击剩下 4 个复制按钮，并在 Arduino 对应的子程序中覆盖粘贴。

■ 图 9.17 单击 Step05 按钮进行配置导出

9.3.4 下载程序

在 Arduino IDE 中下载程序，完成后就可以体验遥控的乐趣了。

9.4 用电视遥控器控制计算机实现无线键盘

有时候在家里看电影，喜欢用电脑通过视频线连接电视机，不但屏幕大了，画质和颜色也会好很多，如果再能有个遥控器同时控制电脑和电视机就更方便啦。下面给大家介绍一个红外转码的扩展应用，可以实现HTPC（家庭影院电脑）并支持 MCE，控制视频播放。本应用的硬件连接和软件部分都与前三节一样，只是主控换成了 Arduino Leonardo（见图 9.18）。这里用电视遥控器控制电脑，实现无线键盘，当然也可以用来玩游戏。

■ 图 9.18 硬件连接

9.4.1 更新 Leonardo 的 Bootloader

这里有段小插曲，笔者之前尝试玩过 Arduino Leonardo，但由于之前的 Bootloader 有串口通信 bug，一直没找到好的解决方案，只好暂时搁置。偶然看到程晨在 2012 年 12 期《无线电》杂志上介绍的用 Leonardo 做的电脑鼠标，才了解串口通信 BUG 已经被修正，于是我更新了新版

Bootloader，问题迎刃而解。当然，如果大家手里没有 Leonardo，也可以用其他型号的 Arduino 配合简单的外围电路，实现软 USB 通信，这里不作过多介绍。

笔者使用了官方推荐的 USBtinyISP（见图 9.19），只需在 Arduino IDE 的"Tools"中选择"USBtinyISP"（见图 9.20），在"Board"中选择"Arduino Leonardo"，连接好下载线，单击"Burn Bootloader"烧录即可。需要注意两点：第一，下载器上有一个跳线帽，接通后可以给 Arduino 供电；第二，下载器与 Arduino 的接线顺序不能搞错，如果接反了，下载器上的电源 LED 是灭着的，而且 Arduino 的电源 LED 也不会亮。

■ 图 9.19 使用 USBtinyISP 下载器

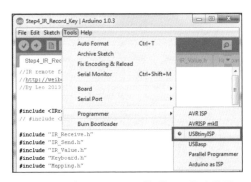

■ 图 9.20 在 Arduino IDE 的"Tools"中选择"USBtinyISP"

9.4.2 连接硬件

跟第一节一样，将一体化红外接收器的输出接到 Arduino 的数字口 11，红外发射二极管没有使用（见图 9.21）。

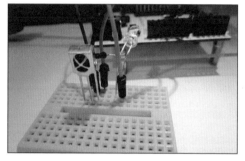

■ 图 9.21 硬件连接

9.4.3 编辑并下载程序

键盘编码子程序（见图 9.22）里定义了全部的 ASC2 键盘码，大家只需根据上一节的红外转码操作，将手里的遥控器按键编码映射到键盘编码上即可。例如遥控器数字键对应键盘数字键，或者遥控器方向键对应键盘的上、下、左、右键。最后将数组从 IR_Lib 表中导出，粘贴到 Arduino 对应的子程序中，主程序不需要进行任何修改。更新完 Bootloader 后，只要正常连接 USB 线，就可以下载了。

■ 图 9.22 键盘编码子程序

9.4.4 体验遥控乐趣

终于可以用遥控器来控制计算机啦（见图 9.23），不仅能控制视频播放和音量调节，还能演示 PPT、查看文档、玩游戏，何乐而不为呢？

■ 图 9.23 用遥控器来控制计算机

10 轻松与 Flash 进行网络通信

◇毛小明

下班后，我看着桌边的 Arduino 老觉得手痒，正好又翻出一块 ENC28J60 模块，如图 10.1 所示。这是我以前买的成品网络组件，前两周简单连过一次，没有成功，能 ping 通，但无法进行 http 访问。总体来说，感觉它的示例库有点简陋，连个子网掩码什么的都没有配置，加上板子工作电压是 3.3V 的，加了一大堆匹配电路，没有连成，也就没再追究。后来，我发现 ENC28J60_for_arduino_v1.0 新库发行了，下载下来，一看功能也比以前丰富了许多，正好今天就练练手吧！

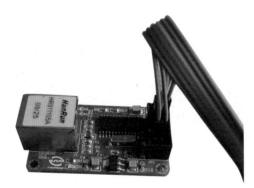

■ 图 10.1　ENC28J60 模块

小心接好后，upload 一下，然后打开浏览器，一个熟悉的"Hello world！"呈现在面前，激动之情溢于言表。有了这个成功，我迫不及待地想把我最想实验的项目——Arduino 与 Flash 进行网络通信搞定。

我做 Flash 算是轻车熟路，当然，我的技术也很陈旧，是从 Flash 4 学过来的，一直学到 MX 就因为时间原因挂科了，然后几年都没动过。

Flash 无论做操作界面或是显示界面都很合适，在此基础上，还可以继续完善，加入更多的功能。例如用 Flash 做调光控制、信息显示，甚至可以做成互动游戏。总之，很多传感器的信号都可以通过 Arduino 传递给 Flash，进行运算及互动，更多乐趣期待你的进一步发掘。

Arduino 代码是在实例基础上简单修改出来的，只是抛砖引玉地做个简单的实例练习，实现双向通信。ENC28J60 模块与 Arduino 的连接如图 10.2 所示，ENC28J60 模块与外围电路的连接如图 10.3 所示。

■ 图 10.2　ENC28J60 模块与 Arduino 连接

■ 图 10.3　ENC28J60 模块连接外围电路

做好 Flash 后，一次调通，极为顺利。更改一下电脑的全局设置，就可以很方便地从本地连接网络了。运行效果如图 10.4 所示，点击 Flash 中的绿色按钮，Arduino 控制板上的 LED 就会亮起，同时 Flash 中用于显示 LED 状态的动画也会变成点亮状态。单击 Flash 中的红色按钮，则关闭 LED，同时 Flash 中用于显示 LED 状态的动画也会变成不发光状态。

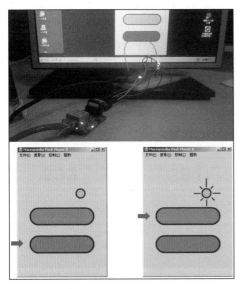

■ 图 10.4　运行效果演示

用手机使用也很简单，通过 Wi-Fi 也能工作，直接用自带浏览器输入网址就可以使用，如果有人想在被窝里关灯，可以参考这个例子。

10.1　Arduino 与 Flash 的通信过程

按下 Flash 里的绿色按键后，执行如下代码：

```
loadVariablesNum("http://192.168
.1.215/?cmd=on", 0);
```

Flash 通过 http 协议访问 Arduino 的 IP 地址，同时发送指令字符串 "cmd=on"。

Arduino 接受请求后，以如下代码对指令做出解析，判断指令符合后，执行操作，驱动 LED 端输出。

```
strcmp(params,"?cmd=on")== 0
```

操作执行完毕，将下列指令通过 http 协议回传给 Flash，反馈 LED 状态信号。

```
e.print("&ButtonStatus=1");
```

Flash 接收到状态信号后，执行场景切换，将指示灯的画面动画切换为发光图标，以显示 LED 操作状态。

```
if (ButtonStatus == 1) {
this.LampStatus.gotoAndStop("on");
// 控制动画显示开关状态，发光
}
elseif(ButtonStatus == 0)
{
this.LampStatus.gotoAndStop
("off");
// 控制动画显示开关状态，不发光
}
```

10.2　调试

调试时，有个细节需要注意，使用 Flash 播放器的时候，由于 Flash Player 有严格的网络连接安全策略，需要改一下"全局安全设置"。操作如下：

1 用 Flash Player 打开文件后，显示操作界面。

2 按下任意按钮后，提示连接网络。

3 添加 Flash 文件所在目录。

4 选中该目录，然后确认。

5 选中"始终允许"，以后这个文件夹的 Flash 需要联网的话，就不会询问了。

Arduino 代码

```
#include "etherShield.h"
#include "ETHER_28J60.h"
int outputPin=6;// 第 6 脚接了个 LED
static uint8_t mac[6] = {0x54, 0x55, 0x58, 0x10, 0x00, 0x24}; // 定义网
卡的 MAC 地址，注意不能和现有设备冲突
static uint8_t ip[4] = {192,168,1, 215};// 定义 IP 地址
static uint16_t port=80;// 端口号，如果没有特殊需求，就填默认的 80 即可
ETHER_28J60 e;
void setup()
{
  e.setup(mac, ip, port);
  pinMode(outputPin, OUTPUT);
}
```

```
void loop()
{
  char* params;
  if (params = e.serviceRequest())
  {
    e.print("A0read=");
    e.print(analogRead(1));//读取并输出A0端数值,这里我连接了一个光敏电阻,可以读取环境亮度
    if(strcmp(params,"?cmd=on")== 0)
    {
      digitalWrite(outputPin,HIGH);//点亮 LED
      e.print("&ButtonStatus=1");
    }
    else if (strcmp(params,"?cmd=off") == 0)
    {
      digitalWrite(outputPin, LOW);
      //熄灭 LEDe.print("&ButtonStatus=0");
    }
    e.respond();
  }
}
```

Flash 代码: 主场景

```
loadVariablesNum("http://192.168.1.215",0);
A0readDisplay = A0read;
// 显示 Arduino 的 A0 数据
if (ButtonStatus == 1) {
  this.LampStatus.gotoAndStop ("on");
  // 控制动画显示开关状态
}
else if (ButtonStatus == 0) {
  this.LampStatus.gotoAndStop("off");
  // 控制动画显示开关状态
}
```

Flash 代码: 按钮开

```
on (release) {loadVariablesNum(«http://192.168.1.215/?cmd=on», 0);}
```

Flash 代码: 按钮关

```
on (release) {loadVariablesNum("http://192.168.1.215/?cmd=off", 0);}
```

11

让 Arduino 成为
一个 Web 服务器

◇卫小鲁

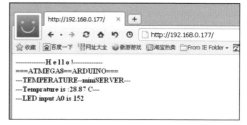

■ **图 11.1　网页显示测量数值**

这次我来做一个以太网扩展板，让 Arduino 成为一个 Web 服务器。Arduino 主板插上网络扩展板的外观见题图。

此扩展板能提供什么服务呢？我给它装上一个大家熟知的温度传感器 DS18B20，然后再用普通的透明封装发光二极管做一个简单的光线传感器，把扩展板用网线接入局域网，这样就可以通过浏览器从 Web 网页上访问这个服务器。例如，我做的这个服务器 IP 地址是 192.168.0.177，那么打开浏览器，在地址栏输入"http://192.168.0.177"，打开的网页如图 11.1 所示，就可以显示出现在的温度是多少，以及此时光照的数值。如果你用手指遮挡住这个光线传感器，再刷新这个网页，就会发现光照数值减小到原来的 1 % 左右。可以看出电脑真是通过以太网和 Arduino 板互联起来了。

大家也许会很奇怪，网络服务器可是一个十分复杂的设备，单片机有这么大的能耐吗？自己用洞洞板就能做出来吗？当然，使用单片机做的这个服务器不可能提供那么复杂的功能。但是以前即使要用单片机实现一些简单的服务器的功能也是很麻烦的，在 8 位单片机上用软件来运行 TCP/IP 协议不太可能。这个制作之所以能够成功，完全是取决于硬件的进步和 Arduino 开发者的努力。从硬件来说，韩国工程师研发的一款 W5100 芯片，把复杂的网络协议用硬件的方式固化到该芯片中，用对芯片寄存器和端口的设置代替了复杂的网络编程。但即使这样，设置里边几十个寄存器、端口，也是很麻烦的。由于 Arduino 类库的封装，使得软件编程应用变得非常简单，几乎成了傻瓜程序。有了这么好的硬件和软件，才使这个制作的难度大大降低了。

11.1 电路原理

电路原理图是参照 Arduino 网络扩展板的原图加以简化而成的。虽然 W5100 芯片并不贵，但是用洞洞板完全照搬原图却非常困难，因为贴片封装的 W5100 有 100个密集的引脚，非得用双面板和机器焊接不可，好在网上有焊好芯片和附属电路的模块出售，如图 11.2 所示。其中模块可分为两种：一种是使用 SPI 总线的，引脚较少，如图 11.2 中右图所示；另一种是并行地址数据线的，引脚较多，如图 11.2 中左图所示。带 SPI 总线的直接就可以用，带并行线的还要做一点小的改动。

■ 图 11.2 两种 W5100 模块

我们要做的只是通过扩展板把模块和 Arduino 主板连接起来，那样就简单多了。原图中的 SD 卡部分和网络关系不大，就省掉了，扩展板电路如图 11.3 所示，其中 J1~J4 是插针排，和 Arduino 主板（I/O板）对应的插座插接。电路图中 W5100 是指网络模块，上面已经有 W5100 芯片和外围电路以及带网络变压器的 RJ45 网线插座，它需要 3.3V 的电源，由稳压集成电路 WY1 从主板的 5V 电源降压滤波得到，而 SPI 信号线允许和 5V 单片机直接相连，方便不少。模块和主板的连线也很少，主要是 SPI 的 4 根线和主板的复位线，为了方便起

见，扩展板上也加了复位按键 S1。再就是装了 DS18B20 的测温电路，以及在 J2 的模拟输入口 A0 和地之间的发光管 VD2，用作光线检测器。发光管 VD1 指示工作状态，程序正常工作时，它每秒闪光一次。它的工作原理是程序中设了一个 timer2 定时器，产生秒计时，然后由测温元件检测环境温度，由 VD2 检测环境光线亮度。W5100模块通过网线侦听网上客户端有没有发出请求——输入服务器网址并回车，如果有的话，则通过 SPI 总线通知主板上的单片机 ATmega8，由 ATmega8 把最近的测量结果发到网络上，并在客户的网页接收和显示出来，完成一次服务。这个说起来很简单，实际上涉及对 W5100 芯片的操作，非常麻烦，只是由 Arduino 程序把这些麻烦"封装"起来了。

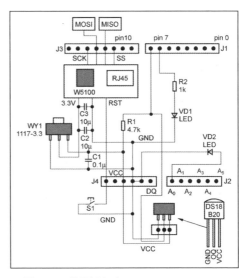

■ 图 11.3 扩展板电路

制作所需元器件见表 11.1。

表 11.1　元器件列表

名称	数量
9.5cm×7cm 环氧万用板	1 块
带 SPI 接口的 W5100 模块	1 个
2.54mm 间距插座条	1 个
AMS1117-3.3 稳压电路	1 个
φ3mm 透明封装高亮发光二极管	2 个
4.7kΩ 和 1kΩ 电阻	各 1 个
10μF 16V 电容	2 个
0.1μF 电容	1 个
90° 弯插针	一小段
DS18B20	1 个

　　另外还需要一样特殊的东西：带圆插孔的长插针条，如图 11.4 上边所示，下边是普通插针条，原设计使用的是一种单端式插座的长插针条，可是元器件市场里没有找到，只找到了这种，也可以用。因为这次扩展板和前两次的不同，要插网络模块，必须安装直针插座条，洞洞板是焊盘朝下安装的，只能用长脚插针焊接固定。

■　图 11.4　两种插针条

11.2　制作

　　（1）从插座条上截取两段 5 个插孔的长度，把模块插上插座，在洞洞板中间的适当位置放置插座条，每个插座条焊一个点，取下模块，把插座焊好。

　　（2）焊上稳压电路、电容、电阻、开关等元器件，焊好 DS18B20 引线连接所用的弯插针，然后焊接连线。

　　（3）在模块插座的下方，把长脚插针条在洞洞板上定位，在洞洞板的焊盘上焊好这些插针，要保持和电路板垂直，焊接动作要快，防止焊锡引起插针之间短路，然后焊好插针上的导线。

　　完工后的电路板正面和反面分别如图 11.5 和图 11.6 所示，其中多装了一个供并行线模块用的插座，以方便试验，实际可以不要。

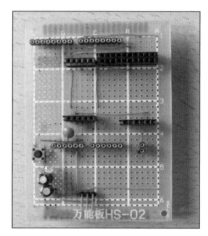

■　图 11.5　焊接完成的电路板正面视图

■　图 11.6　焊接完成的电路板反面视图

焊接完成后，仔细检查连线正确性和长脚插针，消除可能存在的短路，硬件接线必须百分之百正确无误。然后先不插上 W5100 模块，把空板插在主板上，通电测试 5V 电源和 3.3V 电源是否正常。因为元器件不多，安装检查都很容易。硬件确保正确无误后，插好模块，使用交叉网线分别连接电脑和 Arduino 扩展板到路由器上，如图 11.7 所示。

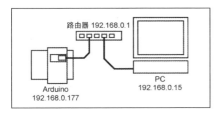

■ 图 11.7 Arduino 扩展板通过网线与计算机相连

11.3 编程

以太网类库属于 Arduino 的标准类库，安装 Arduino 软件时就有，不必单独下载。Sketch 程序的框架在 Ethernet 库的例子中就有，把它拿来改造一番就可以了。不过还是先要了解一下我们要使用的有关函数。全部函数分为 Ethernet 类、Server（服务器）类和 Client 类，并非所有函数都要用到。主要用到的有：

◆ ethernet.begin(mac,ip,gatewey, subnet)：网络初始化设定，其中参数 mac 是扩展板的 MAC 地址，一个与设备有关的标记本应如同网卡一样，出厂时已经确定，不过这个模块和扩展板可没有，那就用例子里面的数字，如 0XDE、0XAD、0XBE、0XEF、0XFE、0XAD 六个十六进制数。ip 是扩展板的 IP 地址，这个要根据你自己的网络路由器指定，例如我使用的路由器网关地址是 192.168.0.1，ip 就指定为 192.168.0.177。Gatewey 是网关地址，如本例就是 192.168.0.1，也可不填。Subnet 是子网掩码，就是 255.255.255.0，也可不填。最主要还是 IP 地址，此函数在 Setup 段中加入。

◆ server(port)：Server 类，建立一个在端口 port 侦听的服务器，port 就用 80 端口，放在变量声明中。

◆ server.begin( )：Server 类，服务器开始侦听网络，放在 setup 段。

◆ server.available( )：Server 类的 available( )，如果有服务器连接到的、可读出其数据的客户端，函数就返回"真"，放在 loop 段。

◆ server.print(data,BASE)：Server 类的 print( )，服务器向所有连接上的客户端输出数据 data，可以是各种类型的数值（BASE 是数制）、字符、字串，放在 loop 段，连通了以后就可以用它服务了。

◆ client.available( )：Client 类，表示的是客户端可读出的服务器发出的字节数。

◆ client.connect( )：Client 类，把客户端连接上已经确定地址的服务器，如果连接上就返回 true，否则返回 false。

◆ client.connected( )：客户端连接状态，不管读不读数据，已连接上就返回 true，否则返回 false。

◆ client.print( )：客户端向服务器输出数据，但实际上也是向网页上输出数据，实际试验效果和 server.print( ) 相同。

◆ client.stop( )：就是断开连接，实际效果和 connect( ) 相反。

为了方便可靠起见，我们还是以 Arduino 提供的实例为基础编程，首先找到 WebServer 实例的位置，如图 11.8 所示，打开它，要修改的仅仅是变量定义部分的 byte ip[ ]={192,168,1,177}，把它改为和所用的路由器网关地址（路由器说明书提供）在同一网段。例如，路由器是 192.168.0.1，那么把它改成 192.168.0.177。别的先不动，编译后，将程序下载到 Arduino 扩展板。现在这个 IP 地址已经被固定进去了。接着打开浏览器，在地址栏输入 http://192.168.0.177，回车，稍等一会，网络连接，然后就出现了如图 11.9 所示的网页，这是模拟量输入端 A0~A5 的随机数据，点击刷新，数据会改变。

如果想得到些有意义的数据，例如本文开始介绍的图 11.1 所示的温度值、光照值等，还需要进一步编程。主要是增加一个定时器 timer2，让它产生秒计时，然后结合测温元件 DS18B20 的测温程序，按一秒转换、下一秒读数进行，输出的数值转换为十进制整数，然后使用 server.print( ) 输出相关的内容，并在 A0 口插上 LED，读取光线传感器数据就行了。最后再展现一下网页如图 11.10 所示。温度怎么这么高呢？我把 DS18B20 紧贴到 W5100 的芯片封装上了，这个小东西工作电流能达到 180mA，发热还是比较厉害的，所以也别指望用电池供电了。

■ 图 11.10　采集信息显示网页

这个小制作虽然难度不大，还是挺有意义的，现在大家不是热衷于研究物联网吗？假如在冰箱里安装这个制作，再加上电源线和网线，你就可以坐在客厅里用电脑看冰箱的温度了！

■ 图 11.8　程序中找到 webserver 实例的位置

■ 图 11.9　输入扩展板 IP 后显示测量数据

第3章

创意制作

自制鼠标

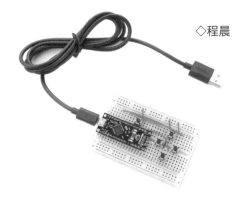

◇程晨

上个月，又有一个鼠标在我手底下阵亡了，作为一个 DIY 达人，我从盒子里拿出好几个不太好用的鼠标，准备自己攒一个。突然发现手边有一块基于 Arduino Leonardo 的小型控制板——DFRobot 生

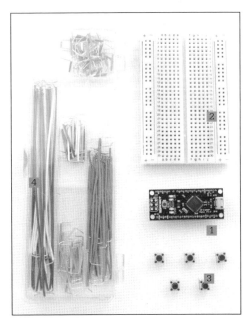

■ 图 12.1 制作所需的材料

1 Dreamer Nano 或 Arduino Leonardo，1 个
2 面包板，1 块
3 按键，5 个
4 面包板 U 形线，1 盒

产的 Dreamer Nano，我早就看过资料知道 Arduino Leonardo 能当鼠标或键盘用，只是一直没机会尝试，正好就用这块控制板自己制作一个鼠标吧！

制作鼠标要用的材料如图 12.1 所示，准备好材料后，就可以搭建硬件。Dreamer Nano（见图 12.2）的核心是 Arduino Leonardo，I/O 接口采用 Nano 的形式，方便与面包板配合使用，USB 接口采用带直插定位脚的 Micro USB 插座。

■ 图 12.2 Dreamer Nano

12.1　制作步骤

① 将 Dreamer Nano 插在面包板上，这里它的位置比较偏左，因为我们还将在其右侧添加一个按键。

② 添加 4 个按键，摆成上下左右的样子，分别控制鼠标的上下左右移动。另外在控制板的右侧添加一个按键，作为鼠标左键，用来实现鼠标点击功能。

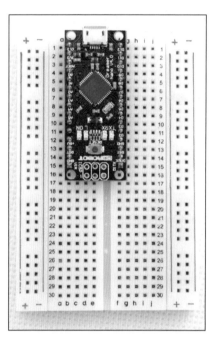

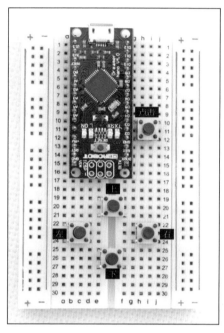

③ 我使用 Fritzing 软件绘制了一个连接效果图，看起来按键的连接很杂乱，其实这是为了迁就 U 形面包线的长度才这么做的，反正改程序是一件比较容易的事。大家也可以将这些按键连接到其他引脚。

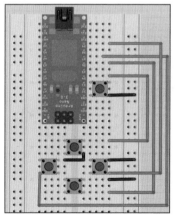

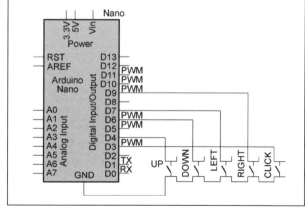

④ 按照效果图，用 U 形面包线将实物连接起来。这样我们的硬件就搭建好了，接下来看看程序部分。

12.2　程序设计

① 打开 Arduino 开发环境，首先要将 Tools 菜单下的 Board 选项改为 Arduino Leonardo（请根据你所使用的版本选择）。

② 打开开发环境中鼠标的例子，在 File → Examples 中专门有一个 USB(Leonardo) 的选项，在这里面找到

Mouse → ButtonMouseControl。这是一个用按键当作鼠标的例子。

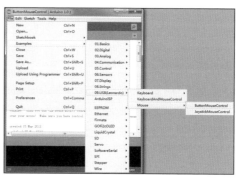

③ 修改程序中的引脚变量。在原代码中，使用的是引脚 2、3、4、5、6 作为 5 个按键的输入。

```
// set pin numbers for the five
buttons:
const int upButton = 2;
const int downButton = 3;
const int leftButton = 4;
const int rightButton = 5;
const int mouseButton = 6;
```

这里因为本人在硬件搭建上偷懒的原因，所以使用的引脚有所变化，可根据原理图来修改这段代码，其中引脚 4 对应按键 "上"，引脚 6 对应按键 "下"，引脚 7 对应按键 "左"，引脚 9 对应按键 "右"，引脚 3 对应鼠标左键。

```
const int upButton = 4;
const int downButton = 6;
const int leftButton = 7;
const int rightButton = 9;
const int mouseButton = 3;
```

④ 修改 setup( ) 函数。当 Arduino 的控制板引脚作为输入时，要小心电压、电流的极限值，过大的电压、电流会造成控制

板的损坏。为避免这种情况，一般会在引脚的电路上加一个上拉电阻，这里要加就加在按键和 Arduino 引脚的连接线上，电阻值一般为 10kΩ。但其实 Arduino 控制板内引脚是具有内部上拉功能的，内部上拉相当于是在芯片内集成了一个电阻接 +5V 电源，不过这需要在程序中进行设定。假设要设定 x 引脚的模式为输入，且使用内部上拉，则代码为：

```
pinMode( x ,INPUT);
digitalWrite( upButton , HIGH);
```

由原理图能够看出，我们使用的按键均没有添加上拉电路，所以需要使用的这 5 个引脚要能使内部上拉功能。将这段代码添加到 Mouse.begin( ) 函数之前。

```
void setup() {
  // initialize the buttons' inputs:
  pinMode(upButton, INPUT);
  pinMode(downButton, INPUT);
  pinMode(leftButton, INPUT);
  pinMode(rightButton, INPUT);
  pinMode(mouseButton, INPUT);
  digitalWrite(upButton, HIGH);
  digitalWrite(downButton, HIGH);
  digitalWrite(leftButton,HIGH);
  digitalWrite(rightButton,HIGH);
  digitalWrite(mouseButton,HIGH);
  // initialize mouse control:
  Mouse.begin();
}
```

❺ 完成最后的调试。将修改完之后的代码下载到 Arduino 中，使用一下，我们发现鼠标左键总是处于按下的状态，通过阅读代码发现，这是因为程序中将引脚为高电平认定为鼠标按下。

```
if (clickState == HIGH)
{
......
}
```

而我们的硬件上，鼠标按下时引脚电平为高，未按下时引脚电平为低。大家可以直接使用"Ctrl+F"组合键搜索"clickState == HIGH"这段字符，将其中的 HIGH 改为 LOW。再下载一遍程序，我们的鼠标就完成了，和原来的鼠标合个影吧（见图 12.3）。

■ 图 12.3　自制的鼠标（右）与真正的鼠标（左）合影

12.3　未来的功能扩展

细心的读者可能会发现，我们这个鼠标只能完成左键的功能，那么右键应该如何实现呢？请大家注意示例代码中关于 MOUSE_LEFT 的部分（可以直接使用"Ctrl+F"组合键搜索），比如 Mouse.press(MOUSE_LEFT) 实现的功能就是发送一个鼠标左键按下的信息。我们将 MOUSE_LEFT 全部换成 MOUSE_RIGHT 试试，就会发现原来的鼠标左键变成了鼠标右键，所以只需要在硬件上再添加一个按钮，并在代码中使用 MOUSE_

RIGHT 这个定义，就可以实现鼠标右键的功能了。

　　另外，在示例程序中可以看到还有 Joystick Mouse Control、Keyboard 以及 Keyboard And Mouse Control 等例子，有兴趣的话可以自己试试，比如找一个摇杆来制作一个摇杆式的鼠标，或者用 Arduino 制作一个游戏专用手柄等。图 12.4 所示就是本人利用安卓平板电脑、Arduino、按键以及面包板制作的一个老式任天堂游戏机，现在正在玩的游戏是经典的《魂斗罗》。更多的乐趣期待大家去发现。

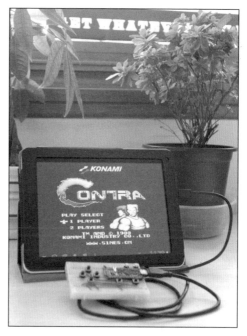

■ 图 12.4　同样的硬件还可以制作出游戏手柄

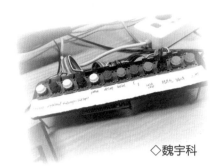

13 开源键盘

◇魏宇科

或许许多人都会和笔者一样认为 Arduino IDE 太过简陋，没有代码补全功能，导致开发效率大大降低，而在平时的工作中，程序员在做调试时往往需要重复上千次的同一系列操作，让人非常恼火。针对这一普遍问题，笔者运用 Arduino Leonardo 模拟键盘和鼠标的功能，开发出基于 Arduino 控制板的开源键盘。目前它共有 12 个功能键，前 9 个键每个负责一个常用的函数名，只需按一下，代码或格式就迅速被补全在 IDE 中，而最后 3 个按钮对应的功能分别是格式化、编译、上传。真是屡试不爽！它不受软件与平台的限制，只需插上计算机就可以使用，也可以配合更为复杂的软件或操作，自定义

你想迅速完成的操作，使得开发效率大大提升！笔者和同事已经将它应用到实际工作中了，确实很方便！

它的连接方法非常简单，如图 13.1 所示，实物如题图和图 13.2 所示。

除了补全代码这样的基本功能，它还能配合软件或客户端使用补全账号和密码一键登录，这样在保证你的密码有绝对安全性的同时，还能迅速登录（别人看不见账号和密码的输入过程），这个用途也非常赞。程序员用它调试网站，一系列动作都一键在瞬间完成。配合 Arduino IDE 调试方便的特点，你可以用它迅速配置想要达到的操作特征。

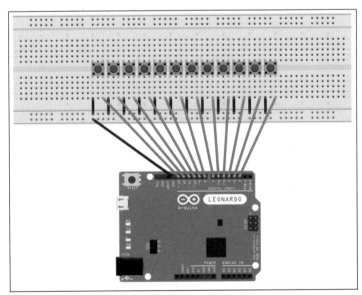

■ 图 13.1 接线原理图

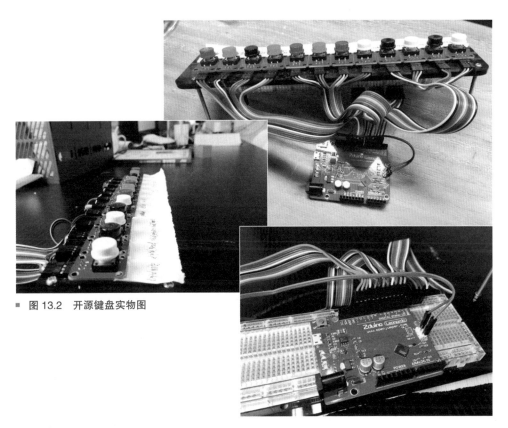

■ 图 13.2 开源键盘实物图

程序

```
//Keyboard.ino
int val1, val2, val3, val4, val5, val6, val7, val8, val9, val10, val11,
val12, val13;
// 给予每个按键一个变量来存放读取的电平值
void setup()
{
  for (int i = 2; i < 14; i++)
  {
    pinMode(i, INPUT_PULLUP);
    // 初始化每个端口，并且启动内部上拉
  }
  Keyboard.begin();// 启动键盘功能
}
void loop()
{
  val2 = digitalRead(2);
  val3 = digitalRead(3);
  val4 = digitalRead(4);
  val5 = digitalRead(5);
  val6 = digitalRead(6);
```

```
val7 = digitalRead(7);
val8 = digitalRead(8);
val9 = digitalRead(9);
val10 = digitalRead(10);
val11 = digitalRead(11);
val12 = digitalRead(12);
val13 = digitalRead(13);
// 按键扫描
if (val2 == 0)
{
  Keyboard.print("digitalWrite");
  // 第一个键按下则输出对应字符
  delay(250);
}
if (val3 == 0)
{
  Keyboard.print("digitalRead");
  delay(250);
}
if (val4 == 0)
{
  Keyboard.print("void setup()");
  delay(250);
}
if (val5 == 0)
{
  Keyboard.print("void loop()");
  delay(250);
}
if (val6 == 0)
{
  Keyboard.print("pinMode");
  delay(250);
}
 if (val7 == 0)
{
  Keyboard.print("delay");
  delay(250);
}
if (val8 == 0)
{
  Keyboard.print("Serial");
  delay(250);
}
 if (val9 == 0)
{
  Keyboard.println("{ ");
  Keyboard.println(" ");
  Keyboard.println(" } ");
```

```
    delay(250);
  }
  if (val10 == 0)
  {
    Keyboard.println("switch(){");
    Keyboard.println("case :");
    Keyboard.println("        ");
    Keyboard.println("break;");
    Keyboard.println("case :");
    Keyboard.println("        ");
    Keyboard.println("break;");
    Keyboard.println(" } ");
    Keyboard.releaseAll();
    delay(250);
  }
  if (val11 == 0)
  {
    Keyboard.press(KEY_LEFT_CTRL);
    Keyboard.print("t");
    delay(1000);
    Keyboard.releaseAll();
  }
  if (val12 == 0)
  {
    Keyboard.press(KEY_LEFT_CTRL);// 按下 Ctrl 键不放
    Keyboard.print("r");// 按下 R
    delay(1000);
    Keyboard.releaseAll();// 释放全部按键
  }
  if (val13 == 0)
  {
    Keyboard.press(KEY_LEFT_CTRL);// 按下 Ctrl 键不放
    Keyboard.print("u");// 按下 U
    delay(1000);
    Keyboard.releaseAll();// 释放全部按键
  }
}
```

14 用最常见的材料制作闪电云

◇王建伟

闪电云是这样的一种装置，当有人经过时，会出现闪电的效果。这个项目算是被创客们做的次数和种类最多的一个项目了，大家做过能知道实时天气的、能留言的、能发声的、加大的、joint 版的、ESP8266 版的……其实闪电云的技术难度很低，很适合各种年龄段的人制作。我这个教程教大家用最常见的材料实现具有最基本功能的闪电云。

制作所需的材料见表 14.1。 其电路如图 14.1、图 14.2 所示，十分简单，就是用 Arduino 控制板直接连接热释电红外传感器和灯条。

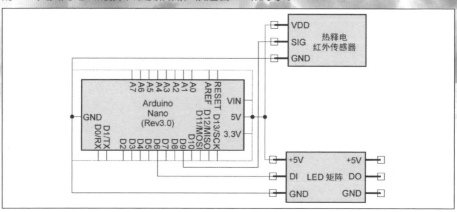

■ 图 14.1 闪电云电路图

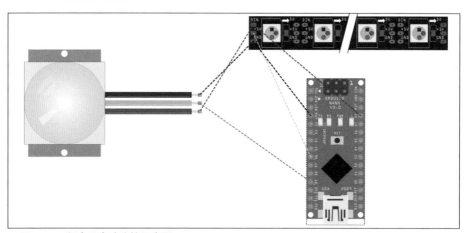

■ 图 14.2 闪电云电路连接示意图

14.1 连接电路

1 准备好清单上所列的元器件。

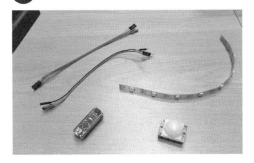

2 在灯带上焊接插针，然后连接杜邦线。焊接杜邦线插针的位置一定要在灯条上标有 Din 的那一端，而不能是标有 Dout 的那一端。

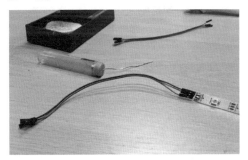

表 14.1　材料清单

1	Arduino Nano
2	热释电红外传感器
3	WS2812 灯条
4	直径 20cm 的灯笼
5	PP 棉
6	杜邦线 6 根（针对孔 ×3、孔对孔 ×3）

3 将热释电传感器、灯带连接到 Arduino 控制板上。

4 Arduino Nano 上有标注的只有一个 5V 输出引脚，但是灯条和传感器都需要 5V 电压供电，这时可以将其中的一个引脚连接到 ICSP 接口上。ICSP 上 5V 和 GND 引脚的位置如下图所示。

❺ 在 Arduino IDE 中选择对应的 Arduino 型号和端口。

❻ 烧写程序。

❼ 测试灯条的发光效果，有人接近时会发光。

❽ 撑起灯笼。

❾ 将制作好的部件装入灯笼中查看效果。

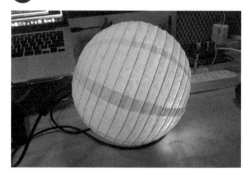

14.2 外形制作

❶ 至此，已经实现了闪电云的功能，剩下的工作主要是粘棉花了。为了让外形看起来更像云而不是一个球，可以增加两根透明吸管作为支撑。

② 将两根吸管插到一起以增加长度。

③ 如果想长期使用，为了保险，建议用热熔胶加固一下电路连接处。

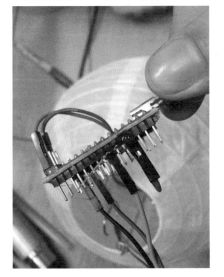

④ 然后用热熔胶把 Arduino 控制板固定在灯笼的横梁上。

⑤ 同样用热熔胶把热释电红外传感器固定在下面的横梁上。

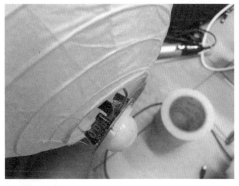

⑥ 将吸管横穿灯笼，在连接处用热熔胶固定。制作这个项目，热熔胶棒用得很快，大概要用掉 3 根热熔胶棒。

⑦ 在灯笼上涂抹热熔胶，然后将棉花粘贴在上面。一开始粘的时候，尽量在上半边多粘一些，由于重力的原因，后面会下移一点；如果棉花都粘到了下面，过一段时间就会往下掉。另外，尽量用大片的棉花粘，这样外形会更好看一些，更像云，而不是像绵羊。

9 开启灯光后的效果是不是很像云中闪电？

14.3 闪电云程序

这个程序运行后在有人经过闪电云附近时随机触发 4 种效果，其中一种七彩效果的触发概率很低（1/61）。它每隔 100s 也会自动触发一次自亮点效果。如果你想做出自己的效果，可以修改代码。另外，运行这个程序需要下载 Adafruit NEOpixel 库，大家可以网络上查找相关资料。

8 剩下就是慢慢塑形，让它看起来更像云朵了。

超声波感应式简易电子琴

◇梁嘉伟

目前的简易电子琴的制作，不少使用按键或者光敏电阻作为输入端，因此通常一个按键占用一个引脚，音调十分有限。我突发奇想，使用超声波传感模块作为输入端。

超声波传感器是一种可以通过发射超声波计算其反射时间，得到物体与传感器之间的距离的装置。若将传感器垂直放置，手掌放于传感器上方，测出手掌相对于传感器的高度，不同高度对应不同音调，理论上就可以做成能对应无限个音调的输入装置，当然实际的情况会受超声波传感模块的灵敏度和使用者的手掌高度位置并不精确到位的影响。

经过试验，笔者发现，一般的 Arduino 超声波模块在快速变化的测量时，其灵敏度在所测物体距离为 30 ~ 45cm 内时较为准确，再根据人手移动定位的特点，设置移动参考位置，将手掌的移动距离控制在 5 ~ 6cm。因此，一个传感器能比较精准地输入六七个音调。

上述为我的初始想法，按这个想法笔者做出过只有 6 个音调的超声波感应琴，但这未能体现出什么优势与趣味性，因此我想到了使用两个传感器并且结合数组，制作出了有 21 个音调的超声波感应琴。左边的传感器对应于数组的行，右边的对应于列。通过感应器返回的距离，根据已经定义好的间隔距离，判断比较并返回能对应于数组的值。最后只用了 5 个数字引脚就能作为 21 个音调甚至更多的输入。

完成后当两只手分别放到对应位置时，再快速按动碰撞开关一下，便会发出相对应音调。

15.1 硬件准备

15.1.1 所需元器件

（1）Arduino UNO R3 1 块：这是制作的核心。

（2）超声波传感器 2 个：图 15.1 所示的两个超声波传感器为不同型号，这只是因为之前笔者为了比较而买回来的，并不是一定要用不同型号。

（3）迷你面包板 1 块：用迷你的是为了之后能将它密封在更小体积中。

（4）扬声器 1 个：图 15.1 所示的为我从废弃闹钟中拆出的，用其他的或者蜂鸣器亦可。

（5）碰撞开关 1 个：这种开关大小形状比较适合。

（6）10kΩ 电阻 1 个。

（7）其他线材：需要两条 50cm 左右的导线。

■ 图 15.1　所需元器件

15.1.2　可选材料

（1）卡纸板（1mm 厚）：制作外壳，用于装饰。也可以用其他材料制作，外壳是为了能够更好地固定传感器和音调标尺。

（2）M3 螺丝若干：用于固定扬声器和 Arduino。

（3）热缩管：用于保护碰撞开关的焊接处。

15.2　制作过程

❶ 首先将两条约 50cm 长的导线焊接到碰撞开关上，用热缩管保护并且剪去碰撞开关的多余端口。碰撞开关作为唯一按键，剪去端口，以方便将按键放在右手虎口位置按下（见图 15.2）。

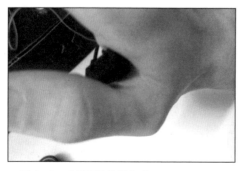

■ 图 15.2　碰撞开关使用方式

❷ 按图 15.3 所示连接电路，连接完成后如图 15.4 所示。此时，应将 Arduino 连接到计算机上，下载程序，并在串口进行初步测试。将手分别放到两个传感器上方，并按下碰撞开关，重复若干次，并观察串口显示器上的显示是否正常合理。

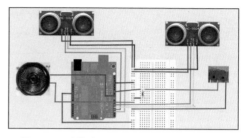

■ 图 15.3　连接方法

■ 图 15.4　完成实物

图 15.5 左侧所示为测试的代码，其中第一项为左边的传感器测得的距离，第二项为右边的距离，第三项为由左边距离判断出的数组行数，第四项为右边判断出的列数，第五项为得到的音调频率。当两个传感器的其中一个或者两个上方不在工作范围内时，音调频率为 0。这避免了感应琴在被误按时发声。

■ 图 15.5 测试代码

3 制作感应琴外壳

我使用了 1mm 厚的卡纸板，制作了一个长 20cm、宽 8cm、高 6cm 的长方体。其顶部需要挖 4 个洞，让传感器从中穿出（见图 15.6）。再剪出一小段卡纸板，并用 M3 螺丝将扬声器固定在长方体侧面（见图 15.7）。将 Arduino 用螺丝固定在长方体底部，并在背面开一个小方形孔让 Arduino 的数据接口伸出（见图 15.8）。

■ 图 15.6 在顶部挖 4 个洞，让传感器从中穿出

■ 图 15.7 用 M3 螺丝将扬声器固定在长方体侧面

■ 图 15.8 在背面开一个小字形孔让 Arduino 数据口伸出

之后用热熔胶将除顶面外的各面固定（见图 15.9），由于顶面较底面长几毫米，所以顶面通过左右两个侧面夹紧，以便以后拆掉顶面来排除故障。

■ 图 15.9 用热熔胶固定各面

最后，剪出一条宽 3cm、长不少于 40cm 的灰色卡纸板，用作标尺，固定在"琴"中央。初步完成后如图 15.10 所示。

■ 图 15.10 音调标尺未完成的感应琴

4 标尺的校对

首先，按照之前设定的感应间隔距离，在标尺上用铅笔画出标记，之后就可以将琴连接到电脑。右手拿着碰撞开关，两手放到标记内任意组合进行测试，如图 15.11 所示。并且根据设置好的间隔距离，观察音调是否能正常显示，同时观察间隔设置是否合理，是否会出现手在同一位置却发出不同音调的情况。如果出现，可适当加大间隔距离。如果工作正常，则可适当减少间隔。

在这里，为了美观，我把测试前右端感应器设定的 6cm 间隔缩小为 5cm。再次测试计算机上的软件对应数据。测试完成后，用马克笔将标记画得更加清晰，然后把它固定回到外壳上，于是这个基于 Arduino 的超声波感应琴就大功告成了（见题图）。

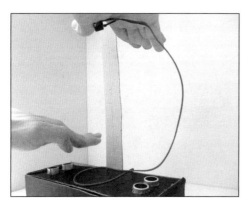

■ 图 15.11　测试间隔距离

自制数字示波器

◇吴汉清

示波器能把人眼看不见的电信号变换成看得见的波形，便于人们研究各种电现象的变化过程，大部分电子爱好者都想拥有一台自己的示波器。现在买一台普通的示波器并不贵，若是二手的就更便宜了，但是如果我们能自己DIY 一台，那制作过程中的乐趣和制作成功的喜悦是花钱买示波器所不能比拟的。

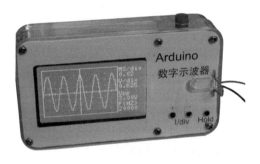

示波器主要参数：

最高采样率：400kHz
频率响应：10Hz~50kHz
输入电压：0~5V
液晶屏：LCD12864（驱动芯片：ST7920）
测量显示区：96 像素 ×64 像素
信息显示区：32 像素 ×64 像素，显示水平扫描速度、垂直灵敏度、Vpp、频率等参数
触发方式：上升沿触发
水平扫描速度：0.02~10ms/div，按 1-2-5 进位分 9 挡
Hold 功能：冻结显示波形和参数
电源：5V

不过对于初学者来说，要成功制作一台示波器还是比较困难的，有知识、技术水平的问题，还有器材的问题。那么有没有简单

一点，适合初学者制作的示波器呢？答案是肯定的，本文就介绍一种用 Arduino 控制板制作的数字示波器，把制作示波器的难度降低到最低限度。

16.1 硬件工作原理

示波器按电路结构可以分为模拟示波器和数字示波器。模拟示波器的工作方式是直接测量信号电压，并且通过从左到右打在荧光显示屏上的电子束描绘出被测信号瞬时值的变化曲线。数字示波器的工作方式则是通过数模转换器（ADC）把被测电压转换为数字信息，并对这一系列采样值进行存储、处理，然后输出到 LCD 显示信号波形。

数字示波器要对 ADC 采集的数据进行处理，这是普通集成电路不能胜任的，因此电路中至少需要用到单片机，这对不熟悉单片机的初学者来说就比较困难了。如何解决这一问题呢？我们知道 Arduino 含有单片机的最小系统，但是用它制作控制系统并不需要具备多少单片机的基础知识，编程语言也比单片机简单，更难能可贵的是可以利用现成的库资源，大大降低了编程的难度。因此我选用了 Arduino 控制板来做数字示波器。

示波器电路如图 16.1 所示，是不是感觉太简单了？是的，我们这次就是要做一个简单的数字示波器。

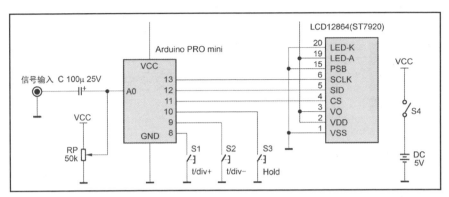

■ 图 16.1　示波器电路图

示波器的功能框图如图 16.2 所示。数模转换使用了 Arduino 中 AVR 单片机 ATmega328 内部的 ADC。

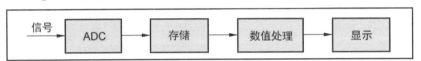

■ 图 16.2　示波器的功能框图

电路的工作过程为：输入信号经过 ADC 数模转换后，以数组的形式先存入单片机 RAM 内。待存满所需要的数据后，再由单片机对数据进行处理。数据处理有两项任务，一是找到信号的上升沿触发点，把从这一点开始的 96 个数据通过串行信号输出给 LCD12864 液晶屏显示波形。显示完一帧波形后，再重复上述的工作，每次扫描的触发点的值都要相同，使信号同步，这样才能保证液晶屏显示稳定的信号波形，不然波形会左右移动，无法正常观看。二是通过采集的数据计算输入信号的电压峰值 Vpp，计算输入信号的频率，并通过液晶屏显示。

16.2　搭建试验电路

我的制作分 3 个步骤：搭建试验电路、编写和调试程序、实物制作。

搭建试验电路是为了进行可行性研究

（这一步读者可以省略），以确定电路形式。我是用 Arduino UNO 控制板和面包板进行试验的，接线图如图 16.3 所示。

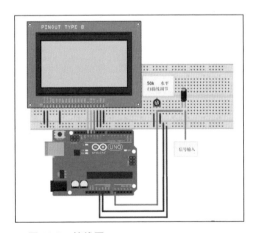

■ 图 16.3　接线图

我先编写了一段最简单的示波器程序进行测试，通过这段程序，你也能了解这个示波器的基本工作原理。

测试程序

```
#include <U8glib.h> //U8glib 库头
文件
U8GLIB_ST7920_128X64_4X u8g(13,12,11);
//声明液晶屏,13=SCLK,12=SID, 11=CS
int x,y;
int Buffer[128];
void setup( ) {  }
void loop( )
{
  for(x = 0;x < 128;x++)
  //信号采样
  Buffer[x] = 63-(analogRead(A0)>>4);
  //(analogRead(A0)的转换结果为 10
位,这里只要用到 6 位
  u8g.firstPage(); //清屏
  do //显示波形
  {
      for(x = 0;x < 127;x++)
      u8g.drawLine(x,Buffer[x],x,Buf
fer[x+1]);  //画相邻两点连线
  }
  while(u8g.nextPage( ));
}
```

编译前,先将库文件 U8glib 复制到 Arduino 软件安装目录的 libraries 文件夹里,Arduino UNO 下载测试程序后,接上输入信号后的显示效果如图 16.4 所示。现在你是不是感觉用 Arduino 控制板做一个示波器很简单?

■ 图 16.4 下载测试程序并接输入信号后,示波器的显示效果

通过观察你会发现:使用这段程序,示波器的显示波形时而会在水平方向向左或向右漂移,不能稳定地"停留",下面的程序设计部分就来解决这一问题,并给示波器增加功能。

16.3 程序设计

上面的程序已经展示了示波器的基本功能,下面在此基础上完善程序设计。程序由数模转换、信号同步触发、频率和 Vpp 计算、波形及参数显示、键盘扫描程序等部分组成。

16.3.1 数模转换

前面的程序中使用了 Arduino 的 analogRead( ) 函数进行数模转换,我经过测试发现,用这个函数完成一次数模转换的时间约为 111μs,对应采样率只有 9kHz,只能测量频率小于 1.2kHz 的信号的波形,为此我在编程时放弃了使用 analogRead( ) 函数,直接读取 ADC 的转换结果数据寄存器,并且只读取转换结果的高 8 位(实际显示只需要 6 位),同时降低 ADC 预分频系数,提高采样时钟频率,选用连续转换模式。采取这些措施后,明显提高了数模转换速度,最终达到了约 2.5μs 完成一次转换,采样率就达到了 400kHz。在相邻两次采样之间加入延时函数,调节延时时间,就可以改变水平扫描速度。按钮 S1、S2 就是用来调节水平扫描速度的。

放弃使用 analogRead( ) 函数后,单片机相关寄存器的参数必须自己设置,这样做也便于自己进行选择,设置相关寄存器参数的程序为:

```
ADMUX=0x60;
//ADC 参考源使用外部 VCC，ADC 结果左对
齐，数模转换输入端为 A0 口
ADCSRA=0xe2;
//ADC 使能，ADC 开始转换，连续转换模式，
ADC 时钟预分频系数选 4
```

读取 ADC 转换结果的程序如下：

```
for(i = 0;i < 192;i++)
{
  Buffer[i] = ADCH;
  // 将 ADC 转换结果高 8 位读入数组 Buffer[ ]
  ……
}
```

波形测量显示区的分辨率为 96 像素 × 64 像素，显示波形只需要取 96 个数就行了，为什么要取 192 个数呢？这是因为在找信号同步触发点时，前面就丢掉好多数了，所以采样时要多取一些数，真正使用时就只需要从同步触发点开始的 96 个数。

16.3.2　信号同步触发

显示信号的波形实际上是不断刷新液晶屏重复显示的，如果相邻两幅波形的相位不同，则显示后图像就不会重叠，产生左右移动的现象。因此必须为显示波形找到共同的起始点，才能显示稳定的图像。这一点称为扫描的触发点。我这里采用上升沿触发，把信号由下到上经过横轴的第一个点作为触发点，找到这一点后，就把从这点开始的 96 个数作为显示用纵坐标的值。

寻找触发点的程序如下：

```
for(sta=0;sta<96;sta++)
{
  if(Buffer[sta]<128&&Buffer[sta
+2]>128)
  break;
}
```

因为所取的 8 位 ADC 转换结果的最大值为 256，所以中点值为 128。找到满足条件的点后，程序即退出循环，这时的 sta 就是数组中对应触发点的元素的下标。用下列程序将从这个点开始的 96 个数读入一个新数组，这 96 个数就是显示波形所需要的数。

```
for(i = 0;i < 96;i++)
Y[i] = 63-(Buffer[i+sta]>>2);
```

Buffer[i+sta]>>2 是将数左移 2 位，因为这里垂直分辨是 64 像素，只需要 6 位二进制数，8 位左移两位就成了 6 位，相当于除以 4。

63-(Buffer[i+sta]>>2> 的作用是把液晶屏从上到下显示改为从下向上显示，因为我们需要纵坐标方向向上。

16.3.3　频率和 Vpp 计算

频率测量我没有采用计数的方法，因为那样做电路就变得复杂了。我采用周期法测量频率，测量信号波形相邻两次自下而上穿越信号中点电压值的时间间隔，程序如下：

```
for(i=0;i<97;i++)
{
  if(Buffer[i]<V_mid&&Buffer[i+1]
>=V_mid)   // 确定第一次穿越点
  {
      i1=i;
      break;
  }
}
for(i=i1+1;i<98+i1;i++)
{
  if(Buffer[i]<V_mid&&Buffer[i+1]
>=V_mid)   // 确定第二次穿越点
  {
      i2=i;
      break;
  }
```

```
}
t=i2-i1;
```

上面的 t 就是两次穿越的间隔，用这个参数和扫描速度就可以计算出输入信号的频率了。

计算 Vpp 值时先用冒泡法找到电压的最大值和最小值，就可以计算出 Vpp 了。程序如下：

```
V_max=Buffer[0];
V_min=Buffer[0];
for(i=0;i<192;i++)
{
  if(Buffer[i]>V_max)
    V_max=Buffer[i];
  if(Buffer[i]<V_min)
    V_min=Buffer[i];
}
Vpp=(V_max-V_min)*5/255;
```

16.3.4 波形及参数显示

使用 Arduino，除了编程语言比单片机 C 语言容易外，还有一个优势就是资源多，比如这里用的 U8glib 库就是一些常用液晶屏的驱动程序库，有了它，就省掉了我们自己写液晶屏驱动程序的麻烦。要写液晶屏的驱动程序，必须对显示原理有比较深入的了解，程序也比较复杂。现在好了，我们只要利用它定义好的一些函数就行了。

单片机和液晶屏采用串行信号传递信息，只要用 3 根信号线相连。单片机向液晶屏传递信息的相关程序见源程序，这里只对声明液晶屏的程序作一下解释，程序如下：

```
U8GLIB_ST7920_128X64_4X u8g(13,
12, 11);
// 声明液晶屏 13=SCLK, 12=SID, 11=CS
```

上面语句中的 U8GLIB_ST 7920_128X64_4X 是 U8glib 库中定义的一个类，其中 ST7920 是我们用的液晶屏对应的驱动芯片，128X64 是我们用的液晶屏的分辨率。这句语句也同时定义了一个对象 u8g，有了它，我们才能使用库里面的函数。括号 (13, 12, 11) 的意思是 Arduino 的 13、12、11 引脚分别接液晶屏的 SCLK、SID、CS 引脚，你要改接 Arduino 的其他引脚时，只要修改括号里的参数就行了。

将程序编译、下载到上面搭建的电路中，就能得如图 16.5 所示的显示效果。

■ 图 16.5 下载正式程序并接输入信号后，示波器的显示效果

16.4 调试与使用

上面程序的介绍可能让你有点头痛了，不要紧，如果有困难的话，你可以跳过它直接进行制作，待做好了示波器再回过头去看，也许就感觉简单一些了。

主要元器件清单见表 16.1。做试验时，我们用了 Arduino UNO 控制板，为了减小体积、节省成本，制作成品时选用 Arduino PRO mini 控制板。

买 LCD12864 液晶屏时要注意：常见

表 16.1　主要元器件清单

序号	名称	符号	规格型号	数量
1	Arduino 控制板		Arduino PRO mini	1
2	液晶屏		LCD12864（ST7920）	1
3	电解电容器	C	100μF/25V	1
4	电位器	RP	50kΩ	1
5	洞洞板		70mm×45mm、70mm×15mm	2
6	按钮开关	S1、S2、S3		3
7	电源开关	S4		1
8	电池盒		配4节7号充电电池	1
9	机壳		136mm×80mm×32mm	1

的有两种，一种驱动芯片是 ST7920，另一种驱动芯片是 KS0108，后者不支持串行通信，一定要买前者。显示屏的第 15 脚（PSB）是通信方式选择端，15 脚接 VCC 为并行方式，接地为串行方式，一般出厂时 15 脚是悬空的，让用户自己选择，但也有厂家在出厂时已用一只 0Ω 电阻将其接 VCC 了，默认状态为并行方式，如果这时将 15 脚直接接地，就会造成电源短路，应先将这个 0Ω 电阻拆除。

下面介绍制作过程。

16.5　制作过程

❶ 新买的 Arduino PRO mini，插针要自己焊接。

❷ 将主要元器件焊接在洞洞板上。

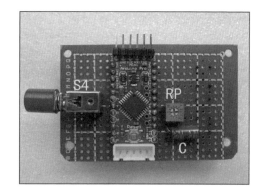

3 用洞洞板做接线板，将 LCD12864 焊上插针，再焊接到接线板上。

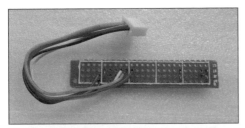

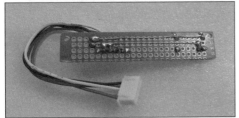

4 机盒可以用有机玻璃制作，我正好有一个充电宝的塑料包装盒可做机盒，在对应按钮开关、电源开关、输入信号线的位置钻孔。

5 为机盒设计一个面板，安装时贴在机盒面板的内侧。

6 将主电路板和 LCD12864 组装在一起。

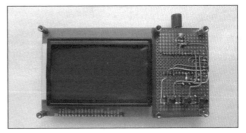

7 再将电路板装入机盒。

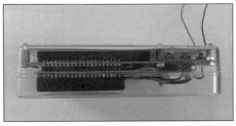

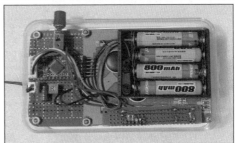

⑧ 由于 Arduino PRO mini 不自带 USB 转串口的电路，所以要用 USB 转串口模块将程序下载到 Arduino PRO mini 控制板中，下载程序时可不开示波器的电源，由电脑的 USB 接口供电。

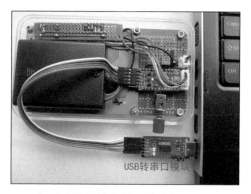

USB转串口模块

⑨ 打开示波器的电源，过一会儿你就能看到开机画面了。

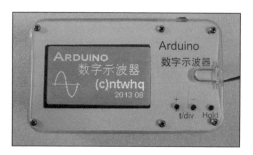

⑩ 示波器的调试方法很简单，主要是调试水平扫描线的位置，调试前水平扫描线可能不居中，如下图所示。

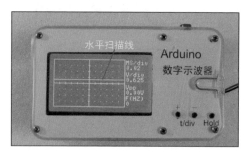

⑪ 调节 50kΩ 电位器，使水平扫描线居中，和横轴重合。

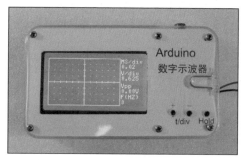

⑫ 接上信号发生器，根据输入信号的频率，按 S1、S2 选择适当的水平扫描速度，你就可能观察到信号波形了。下图所示为测试方波。

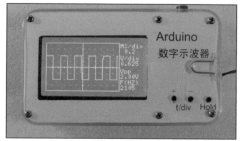

⑬ 测试正弦波。按一下 Hold 键（S3）可以冻结波形，再按一下就能恢复正常显示。

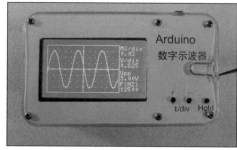

本示波器只能测量小于 5V 的信号，要扩大测量范围，你可以在信号输入端增加衰减器等电路。

自制电子秤

◇吕桐

为什么要做电子秤呢？其实我除了对电子感兴趣外，还喜欢玩航模。而制作的航模又对重量比较敏感，飞机做好后都要称一下重量，看看是否超重。一般来讲，60~70cm翼展的 KT 板机，重量最好不要超过 500g。哈哈，有点扯远了，我做的这个电子秤的最大特点就是能自动校准，并且只需校准一次即可。下面我们就来看看制作电子秤所需准备的模块（见图 17.1 和表 17.1）吧！

■ 图 17.1　制作所需的器件

表 17.1　元器件清单

序号	名称	数量
1	电阻应变式传感器	1 个
2	HX711 模块	1 个
3	固定支架	1 个
4	Arduino UNO 控制板	1 个
5	杜邦线	若干

17.1　工作原理

我们先来看看电阻应变式传感器的内部典型电路图（见图 17.2）。电路很简单，传感器里有 4 个应变电阻，组成桥式电路，4 个电阻分别粘贴到应变片的上、下两个面上（见图 17.3）。当应变片受力发生形变时，应变电阻的阻值就会发生变化，阻值的变化又会引起电压的变化。这样我们只需测量电压的变化，之后再通过相应的计算，即可得出被测物体的重量。

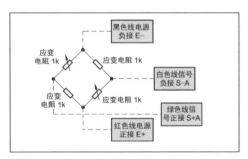

■ 图 17.2　电阻应变式传感器内部电路

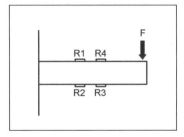

■ 图 17.3　4 个电阻分别粘贴到应变片的上、下两个面上

上面我们说到测量电阻应变式传感器的电压变化，那么用什么来测量电压呢？电阻应变式传感器的满量程输出电压 = 激励电压 × 灵敏度，假如供电电压是 5V，乘以灵敏度 1mV/V，满量程输出电压为 5mV。从上面的参数可以看出，由于电阻应变式传感器的电压输出太小，用普通的 ADC 芯片来测电压是不行的，这里用的是专门用来测电阻应变式传感器输出电压的 HX711 芯片。它内置了放大电路和 ADC 电路，所以能准确地把较小的电压值转化成数字量。

HX711 芯片有两个差分输入的通道，分别是 A 通道和 B 通道。A 通道的可编程增益为 128 或 64，对应的满额度差分输入信号幅值分别为 ±20mV 或 ±40mV；B 通道的增益固定为 32，用于系统参数检测。这里需要解释一下，如果选择了 A 通道 128 增益，那么输入的最大电压为 ±20mV，超过这个电压，有可能烧毁芯片。±20mV 的输入通过 128 的增益变为 ±2.56V，再通过内置的 24 位 ADC 转换成相应的数字量。

其实我已经把 HX711 的操作封装成了一个库文件，只需把库复制到 libraries 文件夹下，然后调用相应的函数即可，但是本着学习的态度，还是来了解一下怎么把 ADC 值从 HX711 里读出来。

HX711 的通信引脚由 PD_SCK 和 DOUT 组成，用来输出数据、选择输入通道和增益。当 DOUT 引脚为高电平时，表明 AD 转换器还未准备好数据，此时 PD_SCK 引脚应该一直保持为低电平。当 DOUT 由高变低时，表明 AD 转换器已经准备好数据，此时 PD_SCK 应该先输入 24 个脉冲，每个脉冲都会向 DOUT 引脚输出 1 位数据（由高到低），24 个脉冲后，HX711 就把 24 位 ADC 值全部输出了。之后再输入 1~3 个脉冲，也就是第 25~27 个时钟脉冲，来选择下一次 ADC 转换的通道和增益，参见表 17.2。所以 PD_SCK 的输入时钟脉冲数不应少于 25 或多于 27，否则会造成通信错误。

表 17.2 通过第 25~27 个时钟脉冲选择下一次 ADC 转换的通道和增益

PD_SCK 脉冲数	输入通道	增益
25	A	128
26	B	32
27	A	64

还有一点需要注意，芯片从复位或断电状态进入正常工作状态后，通道 A 和增益 128 会被自动选择作为第一次 AD 转换的输入通道和增益，随后的输入通道和增益选择由 PD_SCK 的脉冲数决定。

17.2 硬件连接

电阻应变式传感器输出的 4 根线（红、黑、白、绿）分别接到 HX711 模块的 E+、E-、A-、A+ 上，VCC、GND 分别接到 Arduino 控制板的 +5V 和 GND 引脚上，两根通信线根据不同的程序接到不同引脚上（见图 17.4），连好后的样子如图 17.5 所示。

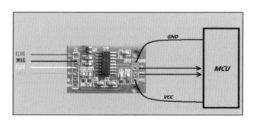

■ **图 17.4 HX711 模块连线图**

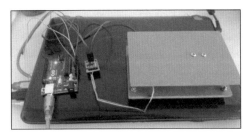

■ 图 17.5 连好后的样子

17.3 程序编写

首先，我们先来明确一下测量的思路。要想把读出的 ADC 值转化成重量值 G，我们需要先确定两个值，一个是比例值 K（ADC 值的变化量除以重量的变化量，$K=\Delta ADC/\Delta G$）；一个是偏移值 X（重量 G 为 0g 时读出的 ADC 的值）。这样我们就可以算出重量值了，$G = (ADC-X)/K$。

程序总共有两个文件，一个是主文件 DZC，还有一个是 eeprom 文件。文件中包含的函数如图 17.6 所示。

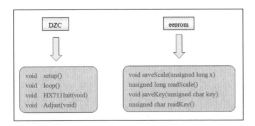

■ 图 17.6 文件中包含的函数

先来看 eeprom 文件里的函数，我只介绍各函数的功能，具体代码就不详细展开了。

void saveScale(unsigned long x) 是把计算出的比例值 K 保存到 AVR 单片机内部的 eeprom 里，保存地址为 1~4。

unsigned long readScale( ) 正好和上面的函数相反，是把存储在 eeprom 里的 K 值读出来。当然，前提是你已经向 eeprom 中存储了正确的 K 值，否则读取的数据是错误的。

void saveKey(unsigned char key) 是向 eeprom 的地址 0 写入一个数据，作为标记。

unsigned char readKey( ) 是读 eeprom 地址 0 里的数据。

接下来就是 DZC 文件了，这里我们需要先包含一个库文件 HX711，并选择 HX711 的 I/O 口，以实现对 HX711 的操作。

```
#include <HX711.h>
// Hx711.DOUT: A1
// Hx711.SCK:  A0
Hx711 scale(A1, A0);
```

然后我们进入 setup( ) 初始化函数来分析。首先初始化波特率 9600，然后判断是不是第一次使用。如果是第一次使用，则进行电子秤的校准，然后保存标记值 0x77。当程序第二次使用的时候，标记值已经为 0x77，所以只会执行 HX711Init( )。这里多说一句，比例值 K 的计算是通过 Adjust( ) 实现的，而偏移值 X 是通过 HX711Init( ) 实现的。从程序中我们可以看出 Adjust( ) 只运行一次，而 HX711Init( ) 则是每次单片机复位后都要执行。也就是说，偏移值 X 每次开机后都会重新计算，而比例值 K 则是程序第一次运行时计算一次，此后都用第一次计算出的值作为 K 值（比例值 K 校准得是否精准，直接影响着测量的精度）。

```
void setup()
{
  Serial.begin(9600);
  if(readKey() == 0x77)
  // 判断是不是第一次使用
  {
      HX711Init();// 初始化 HX711
  }
  else// 第一次使用
  {
      Adjust();// 校准电子秤
      saveKey(0x77);
      // 保存 key 值到 eeprom
      HX711Init();// 初始化 HX711
  }
}
```

loop 函数的代码很简单，就是每次测量重量，然后通过串口发送到电脑上。这里 scale.getWeight(5) 的意思是测 5 次重量值，然后返回重量的平均值。这样做的好处就是让测出的重量值更准确、稳定。

```
void loop()
{
  Serial.print((int)scale.getWeight
(5));// 测量和显示重量
  Serial.println("g");
}
```

下面我们再来看 HX711Init( ) 函数，上面也说到了 HX711Init( ) 函数的功能之一就是计算偏移值 X，除此之外它还要把比例值 K 从 eeprom 中读取出来，赋值到 scale 对象中，从代码中可以看出，K 和 X 的设置是通过 setOffset( ) 和 setScale( ) 实现的。特别提醒：当系统刚刚复位，显示"System Init,Please Wait"时，程序正在计算偏移值 X，所以此时不能在秤上放任何东西，否则计算出来的偏移值是错误的。

最后再讲一下 Adjust( ) 函数，这是本程序中最重要的函数了，电子秤的自动校准

功能就是靠这个函数实现的。

进入程序后，会采集 30 次 ADC 的平均值作为 0g 时的 ADC 值 x0，然后串口显示"Please put the things which you have already know it's weights"。此时在电子秤上放上砝码（其他物品也行，不过前提是物品的重量值你已经知道），放好后在电脑端发送字符 0，表示已经放上物品。Arduino 收到字符 0 后，采集 30 次 ADC 的平均值作为此时的 ADC 值 x1。之后程序发送"Inpute the weight"，进入等待接收字符串状态，此时在电脑端输入刚才物品的重量（单位为 g）并发送。程序接收到电脑端发来的字符串后，将其转换成整形，也就是重量值 weight，再通过 float temp = (float)(x1-x0)/weight 把比例值计算出来。不过这还不算完，为了让比例值断电后不丢失，我们还需要通过 saveScale(temp) 函数把比例值存储到 eeprom 中，电子秤的校准至此就结束了。

```
void HX711Init(void)
{
  Serial.println("System Init,
Please Wait...");
  long offset=scale.getAverageValue
(30);
// 计算偏移量（此时称必须保持水平且称上不
能有东西！！！）
  scale.setOffset(offset);// 设置偏移
  scale.setScale(readScale());
  // 设置比例（从 eeprom 中读取）
}
void Adjust(void)
{
  long x0,x1;
  x0=scale.getAverageValue(30);//
取 0g 时候的值
  Serial.println("Please put the
things which you have already
know it's weights.");
```

```
  Serial.println("Inpute <0> to
mark sure......");
  while(true)
  {
    if(Serial.available() > 0)
    {
      if(Serial.read()=='0')break;
    }
  }
  x1=scale.getAverageValue(30);//
取放物品时候的值
  Serial.println("Inpute the weight
......");// 接收一字符串
  String s = "";
  while(true)
  {
   while(Serial.available()>0)//
接收
   {
     s += char(Serial.read());
     delay(2);
   }
   if(s.length()>0)// 接收完成
   {
     break;
   }
  }
  int weight = s.toInt(); // 字符
串转整形数据
  float temp = (float)(x1-x0)/
weight;// 计算比例值
  scale.setScale(temp);// 比例值写
入 Hx711 类
  saveScale(temp);// 存储比例值
  Serial.println("Adjust Completed!");
}
```

17.4 结束语

其实程序还有很多可以改进的地方，比如数据的读取只是取了 N 次数据的平均值，可以改成先去掉最大值和最小值，然后取余下值的平均值等，这样测出来的重量就会更精确。

全部模块大概花了 50 元，买个现成电子秤也就这个价格，有的甚至还更便宜些。有人可能会问，为什么不直接买一个电子秤呢？我想说的是，花同样的钱确实能买到同样功能的电子秤，但是却买不到制作电子秤的知识和经验，我们享受的是制作的过程和完成后的喜悦，这也许就是 DIY 的乐趣所在吧！

18 自己打造签到记录器

◇吕桐

前些天，教我们 IC 卡应用的老师让我们自己设计一个有关无线射频卡（RFID）的应用，我想起寒假在家时，有亲戚和我说"现在上班都高级了，到了单位还得打卡签到"，这不就是无线射频卡的一个应用吗？于是我就萌生了做一个签到记录器的想法。从买器件到搭电路，再到写程序，断断续续半个月的时间，终于把签到记录器做出来了。在此我写一写制作过程中的一些心得经验。

18.1 方案设计

本系统是基于 Arduino 搭建的签到记录器，主要功能是记录签到人的 ID 和签到时间，并以 TXT 文本文件的形式储存到 SD 卡中。首先来看看我的签到记录器的系统框图吧（见图 18.1）。

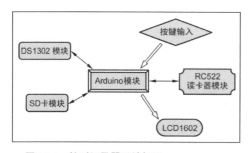

■ 图 18.1 签到记录器系统框图

我用的 Arduino 版本是 UNO，上面的主控芯片为 ATmega328，具有 32KB 的 ROM 和 2KB RAM，足够我折腾了（实际程序全部写完才用了 23KB）。再加上 Arduino 提供了各种库文件，把复杂的底层硬件操作隔离，使编程简单了许多。其实我用 Arduino 最主要的原因还是因为它有现成的 SD 库，可以简单实现文件系统，而文件系统正是我最头疼的地方。

时钟芯片我用的是 DS1302，主要是用来获取当前时间。这可能是时钟芯片里最弱的一款了吧？晶体振荡器配不好会影响走时的准确（要用 6pF 的晶体振荡器，走时才能准确）。我买的这个 DS1302 模块，走时就偏快，不过它自带电池，所以不用担心断电后时间丢失。

SD 卡模块带有 SPI 接口，用来存储签到人的 ID 和签到时间。这里，我提醒大家一下，一定要买 3.3V/5V I/O 口兼容的那种，我就在这上面栽了跟头，一开始买的 SD 卡模块 I/O 口不带 3.3V/5V 电平转换，Arduino UNO 的 I/O 口是 5V 的，而 SD 卡是 3.3V 的，所以直接连接时不能用。一开始我还以为是我的 SD 卡不兼容，后来换了个 3.3V/5V I/O 口兼容的 SD 模块，才能正常读取数据。

射频读卡器我用的是飞利浦的 RC522，这个模块在网上比较多，价格也不贵，可读、可写，还可以加密，扩展性比较强，同时也是 SPI 接口。之前我也在

《无线电》杂志上看到过这个芯片的使用方法，所以就选用了它。这里再多说一句，这个模块的 I/O 口也是 3.3V 的，所以也要用 3.3V/5V I/O 口兼容的模块，不过我在网上没找到，无奈之下只好再买个 3.3V/5V I/O 口电平转换模块。

显示模块我用的是 LCD1602，这是最常见的 LCD，就不多介绍了。按键用了 3 个微触按键，用来控制系统切换各种模式和调整数据等。

下面来看看这些模块的合影（见图 18.2）吧，也给大家一个参考。

■ 图 18.2 所有模块

18.2 具体功能

首先我们先了解一下签到记录器的功能框图（见图 18.3）。

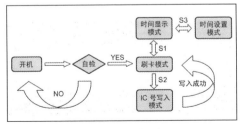

■ 图 18.3 签到记录器功能框图

下面我就来说说各个模式具体是怎么操作的。开机先进入自检状态，如果没有 SD 卡插入，LCD 会显示"Card falied!"（见图 18.4）。此时自检不能通过，用户需要插入 SD 卡并复位主机。成功通过自检后，LCD 会显示"Card initialized Waiting"（见图 18.5），此时等待 3s，主机进入刷卡模式。

■ 图 18.4 自检失败

■ 图 18.5 自检成功

18.2.1 刷卡模式

在刷卡模式下，LCD 上显示"Please check in with the card!"（见图 18.6），当有用户进行刷卡操作时，主机自动读取卡中的 ID 和当前时间，随后一并存储到 SD 卡中的 DATALOG.TXT 文件中，存储完毕后，LCD 上会显示"Welcome! ID:XXXXXXXX"（见图 18.7），此时刷卡成功。通过电脑可查看 SD 卡中的签到记录（见图 18.8）。

■ 图 18.6 等待刷卡

■ 图 18.9 显示当前时间

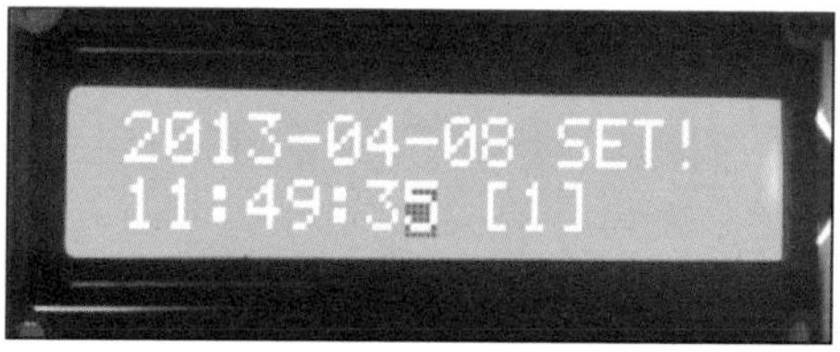

■ 图 18.7 刷卡成功

2013-04-08 SET!
11:49:35 [1]

■ 图 18.10 设置当前时间

```
2010453>>2013-4-8/11:49:4 [1]
10000001>>2013-4-8/11:50:28 [1]
10000001>>2013-4-8/11:51:20 [1]
2010434?>>2013-4-8/11:51:25 [1]
```

■ 图 18.8 SD 卡中的签到记录

18.2.2 时间显示和设置

在"刷卡模式"下按 S1 键，则进入时间显示模式，此时 LCD 显示当前时间（见图 18.9）。再按 S3 键则进入时间设置模式，此时光标闪烁，LCD 右上角出现"SET！"字符（见图 18.10）。此时按 S1 键数据加1，按 S2 键切换年、月、日、时、分、秒。这里多说一句，星期根据用户设置的年、月、日自动生成，所以不需要用户手动设置。设置完毕后，按一下 S3 键则退出时间设置模式，进入时间显示模式，此时用户可以查看设置的时间是否生效。没问题后，按一下 S1 键退出时间显示模式，再次进入刷卡模式。

18.2.3 修改卡的 ID

在刷卡模式下，按 K2 键可进入 ID 号写入模式，LCD 上显示初始 ID：10000001 并且 ID 最低位的光标闪烁（见图 18.11），此时按 S1 键数据加1，按 S2 键切设置位。设置完成后按一下 S3 保存设置，LCD 上会显示"Check card"（见图 18.12），这时把卡放入射频区域，LCD 上会显示"Write complete!"（见图 18.13），ID 写入成功，等待 3s 左右，主机自动退出 ID 号写入模式，进入刷卡模式。初始 ID 为 10000001，ID 可设置的范围为 10000000~99999999。

■ 图 18.11 设置 ID

■ 图 18.12　等待写卡

■ 图 18.13　写卡完毕

18.3　硬件连接

怎么把这么多模块连接到一起呢？我

的方法是把所有模块分成两部分：Arduino 为一部分，其他的模块（DS1302、LCD1602、RC522、SD 卡）为另一部分，全部焊接到一块洞洞板上，然后洞洞板上再引出连接 Arduino 的 I/O 口。这样模块和模块之间看起来不会太乱。有条件的话，可用热转印法制作电路板代替洞洞板，我的大部分工具都在家里，学校这边什么工具都没有，只好用电烙铁在洞洞板上自己焊了。要是你连电烙铁都没有，也没关系，买个面包板在上面插线也行，总之只要按照原理图（见图 18.14）把电路连起来就行了。A0~A5 表示 Arduino 的模拟引脚，D0~D13 表示 Arduino 的数字引脚。

看了电路图大家可能会有疑问，为什么 RC522 的 NRSTPD 引脚没有连接。其实

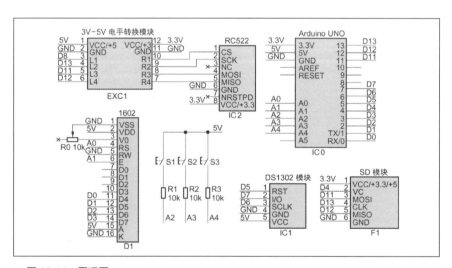

■ 图 18.14　原理图

这个引脚连与不连都对 RC522 的操作没有影响，所以本着节约 I/O 口的原则，这个引脚可以忽略了。

我自己焊的洞洞板如图 18.15 所示，蓝

色的表示要连接 Arduino 的 I/O 口，红色的表示插接各个模块 I/O 口。全部连接好后如图 18.16 所示，接下来我们看一下程序的编写。

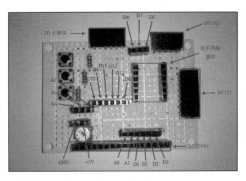

■ 图 18.15　焊接好的洞洞板

■ 图 18.16　全部连接好的样子

18.4　软件设计

由于程序代码太多，这里我主要讲一下程序的设计思路。因为涉及好多模块的程序编写，所以把程序都写在一个文件里显然不合适。这里我用了多个文件的方式进行程序的编写，文件与文件之间的函数是可以相互调用的。其中包括 SMD.ino、DS1302.ino、KEY.ino、LCD1602.ino、MYSD.ino、RC522.ino 等 6 个 .ino 文件和RC522.h、config.h 两个 .h 文件。config.h 主要定义了常用的数据类型，RC522.h则定义了 RC522 寄存器地址和操作命令等。主程序则写在 SMD.ino 中。

主程序非常清楚、明了，复杂的操作全部封装在其他文件的函数里面，主程序只需

要调用相关函数即可。setup 函数初始化各个模块，loop 循环扫描按键和读卡器。如果有按键被按下，执行相应的操作；没有按键输入，则检测是否有卡进入射频区域。如果有卡进入射频区域，则进行读卡操作；如果没卡进入射频区域，则继续扫描按键，一直这样循环。

这里有两个需要特别注意的地方。首先是按键程序，这种按键电路的连接方式，要求把相应的端口设置成上拉输入模式，代码如下。

```
void myKeyInit ( void )
{
  pinMode ( K1,INPUT_PULLUP ) ;
  // 上拉输入
  pinMode ( K2,INPUT_PULLUP ) ;
  pinMode ( K3,INPUT_PULLUP ) ;
}
```

还有一点就是 DS1302 的初始化问题。新买来的 DS1302 默认秒的最高位是1。查数据手册可知，秒位最高位为 1 时，DS1302 是不走时的，所以第一次使用，初始化 DS1302 时必须把秒的最高位置 0，代码如下。

```
void ds1302Init ( void )
{
  u8 x;
  x = rtc.read_register ( 0x81 ) ;
  // 开启时间走时
  x = x&0x7F;
  rtc.write_register ( 0x80,x ) ;
}
```

首先读取 DS1302 地址为 0x81 的寄存器（即秒寄存器）的值，然后 & 上 0x7F，使最高位清零，最后再把值写入秒寄存器。

其他的代码就不一一介绍了，注释写得非常清楚，相信大家都能看懂。

自制气体监测平台

◇卢冠宇

随着汽车数量日益增多，对汽车的尾气进行更细致的监测，将是汽车生产厂商以后的工作重点。笔者以此为出发点，通过 Arduino 搭建了一个简易的气体监测平台。借助不同的扩展元件，该气体监测平台可以实现 LCD 屏显示实时监测数据、SD 卡记录监测信息和蜂鸣器报警等功能。

根据自己的不同需要，通过改变传感器的类型，你也可以将它用于其他气体的检测。笔者在这里就利用手头的工具制作了一个可以用于实时监测空气中的氢气和一氧化碳含量的爆炸气体监测平台。下面我就给大家介绍一下我的制作过程吧。

19.1 硬件连接

硬件列表见表 19.1。首先将传感器扩展板插到 Arduino UNO 上，然后通过 I²C 连接线连接扩展板、时钟模块和 LCD 屏。SD 卡模块可以直接插在传感器扩展板的侧面。将蜂鸣器连接到 4 号数字口，同时将氢气传感器和一氧化碳传感器分别插在 0 号和 1 号模拟输入口上。注意，在连线时，黑色线代表地线（GND），红线代表 5V 端（VCC），绿线代表数字信号端（D），蓝线代表模拟信号端（S）。新版传感器扩展板上每种针脚都会有对应的颜色，老版的就要根据板子上印刷的字来判断接口了。连线时一定要小心，错误的连线轻则让功能无法实现，重则

会烧坏板子，造成无法挽回的损失。

表 19.1　硬件列表

主控部分	＊ Arduino UNO ＊ I/O 传感器扩展板 ＊ USB 线
传感器部分	＊模拟氢气气体传感器（MQ8） ＊模拟一氧化碳气体传感器（MQ7）
其他	＊ LCD 液晶模块，用于显示监测结果 ＊时钟模块，用于记录时间，利于后期的数据处理 ＊ SD 卡模块，用于读写 SD 卡 ＊ SD 卡，用于存储数据 ＊电源适配器，用于给控制板供电 ＊ 5V/2A 电源适配器，用于给传感器供电 ＊两根 I²C 接口模块专用连接线，用于连接 LCD 屏、时钟模块和主控板（可用杜邦线代替） ＊其他线材若干

以老版传感器扩展板为例的接口示意图如图 19.1 所示。

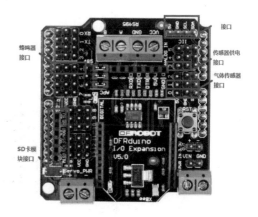

■ **图 19.1　接口示意图**

连接时，SD 卡模块可以按照对应接口直接插在左侧的 SD 卡模块接口处，蜂鸣器和模拟气体传感器同理。连接传感器扩展板和时钟模块时需要注意，板子上的接口顺序是 5V、GND、SCL、SDA，而时钟模块上的顺序是 GND、5V、SDA、SCL。也就是说，它们的顺序是不同的，用杜邦线连接没有什么问题，但是用 I²C 连接线时就需要大家对线的顺序做一些改动了。具体做法是用针或其他带有尖端的东西按下连接线接头上露出的小铜片，将线抽出，然后根据对应的接口将线插回接头上，这样就可以使用了。在连接时钟模块和 LCD 模块时，直接用 I²C 连接线将它们连接起来就可以了。

最后是电源线的连接，起初笔者仅仅连接了一个 5V 的外部电源到 Arduino 的外部供电口上，后来在使用时发现 LCD 显示屏会发虚。究其原因，发现是两个传感器在使用过程中会对内部电阻进行加热，功耗比较大，况且笔者还使用了两个传感器，所以电源就理所当然地力不从心了。为此笔者又找来了一个 5V/2A 的电源适配器，由于用的是 USB 接头，所以又改装了一条 USB 线，使它可以连接到传感器扩展板上。具体做法是剪断一根 USB 线，找出两根电源线，然后再焊上两根电线，在电线的另一端箍上母头的端子，插上接口。条件有限的创客们可以直接引出线，再焊到杜邦线母头端上。制作完后，将引出的两根电源线按正、负极连接到传感器 3 号模拟口的 VCC 端和 GND端，这样就可以直接给传感器供电，供电不足的问题也得到了解决。在这里笔者提醒大家，无论怎样连线，在插上电源前，一定要用万用表再次判断一下自己引出的电源线的正、负极。硬件部分的最终效果如图 19.2所示。

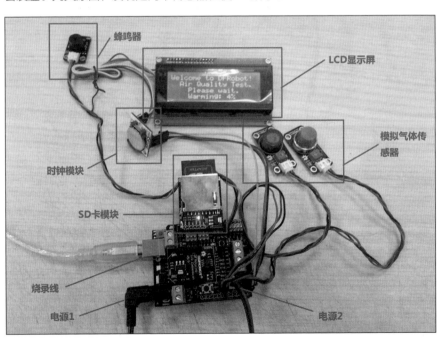

■ 图 19.2 硬件连接

19.2 软件编写与烧录

19.2.1 库的导入

软件主要用 Arduino 的官方 IDE 编写，可以到官网上下载。然后需要两个扩展库，一个是 LCD 显示屏的扩展库，另一个是时钟模块的扩展库，可以到对应产品的维库（WikiLib）中下载。下载后，将解压出的 LiquidCrystal_I2C 和 DS1307 文件夹拷贝到 Arduino IDE 目录下的 libraries 文件夹里即可。然后打开 Arduino IDE，可以点击"程序"→"导入库"，查看这两个库是否导入成功。

19.2.2 函数准备

我们都知道，模拟口读到的是一个 0~1023 的整数值，模拟气体传感器也是如此。那么我们怎么把这个数值转化为所需要的气体含量（百万分比浓度）呢？这时就要看一下传感器的原理了。我们使用的传感器的核心感应元件是 MQ 系列的气体传感器，登录它们的技术网站就可以了解传感器的原理了。以氢气传感器（MQ-8）为例，我们首先看一下它的电路原理图（见图 19.3）。

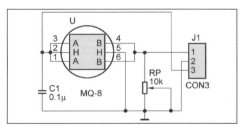

■ 图 19.3 氢气传感器（MQ-8）的电路原理图

它的 1 号口是信号端，输出电位信息；2 号口是接地端；3 号口是 5V 供电端。传感器的核心是接在 A、B 之间的一个感应电阻，在加热状态下，它的阻值会随着空气中不同气体含量的变化而变化。图中的 H 端口直接连在电源两端，用于给电阻丝加热。1 号口连在了传感器和一个可调电阻之间，因此，它输出的电位信息可以反映出 A、B 间的阻值和可调电阻的阻值比，知道可调电阻的阻值，就可以计算出传感器的阻值 R_s 了。

知道了传感器的阻值后，我们还需要把它转化为气体的含量（ppm）。通过查看技术文档，可以查到如图 19.4 所示的图表。

该表中，R_s 是传感器在不同气体中的阻值。R_0 是传感器在 $1000 \times 10\text{-}6$ 含量的氢气下的阻值。该表的横坐标是氢气的浓度，纵坐标是 R_s 与 R_0 的比值。我们可以发现，图中代表 H_2 的蓝色线的斜率是最大的，也就是说，该传感器对氢气的浓度变化反应最大，符合我们的要求。图中的线近乎直线，因此我们可以把它看成是一次函数。但是仔细观察会发现，它的横、纵坐标的单位并不是按照相同的数值来取的。实际上它是以数值以 10 为底的对数来取的。因此，成一次函数关系的是 $\lg(R_s/R_0)$ 与 $\lg(ppm)$。这一点在写函数的时候要注意。

好了，我们来看一下这个一次函数的具体参数。首先找两个点，在图中就是（200，8.5）和（10000，0.03），换算成对数即（2.3，0.93）和（4，-1.52），算出斜率为 -1.44。通过一个点和斜率即可确定一个一次函数。因此，记录数组 [2.3,0.93,-1.44]。一氧化碳传感器的处理方法同理。

上文说过，我们可以通过模拟量算出 R_s，但是 R_0 如何来算呢？我们无法创造一

个完美的 1000×10^{-6} 的氢气环境。但是通过观察可以发现，图 19.4 中代表空气的线是一条水平的直线，那么我们是否可以通过空气中的传感器阻值计算出 R_o 的值呢？答案是肯定的。查表可以得出，空气中 R_s 与 R_o 的比值是 70，因此，在开机时，我们可以在空气中先校准 R_o，具体方法是每隔 500ms 取一个数值计算阻值，共记录 50 个值，然后取平均值，就是最后的 R_o 值。这样函数的准备就完成了。

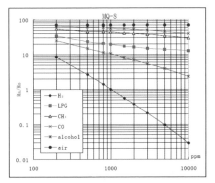

■ 图 19.4 阻值与气体含量对照表

19.3 总结

以上就是爆炸气体检测平台的具体制作过程了。使用一些扩展零件，它还可以实现一些其他功能。笔者目前的设想是添加一个 GPS/GPRS/GSM 模块，使得它具有移动上传数据的功能，而且还可以记录位置信息，这样辅以汽车尾气传感器，再加上位置信息，就可以针对某辆汽车进行全面尾气监控。再将信息收集、处理，就会得到该汽车在不同地区的尾气排放量了。这样一来，无论对于汽车制造厂商还是对于环境管理组织，都会有很大便利吧？

 扩展网络摄像头的
I/O 端口

◇温正伟

如今网络已极为普及了，几乎家家都安装了宽带，手机也可以上网，而且带宽水平也越来越高，网络摄像头也因此越来越受人青睐。如今的网络摄像头，通过网络可以向使用者传输视频、音频，支持多种的平台，如网页访问、智能手机访问，还有移动侦测报警、监控录像或云台控制等功能。而且不光有有线连接的，还有 Wi-Fi 连接的，安装和使用极为方便，价格也很便宜，所以在家居、办公等环境下的安防布置中得到了广泛的使用。

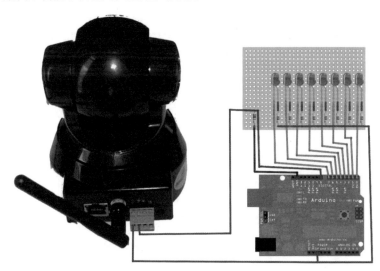

一个朋友的小作坊也安装了几个网络摄像头，用于查看机器工作情况和安防。有一天他来找我，说他安装的无线网络摄像头上有个报警器输出 I/O 口，可以使用程序控制，还说要是多几个 I/O 输出就好了，这样可以用来远程控制一些设备。其实许多中低档的网络摄像头都有一个报警输出 I/O 口和一个报警输入 I/O 口，有些还带能输出 PTZ（云台全方位控制）协议的串行端口，有少数产品还配有独立的串行端口，可以传输数据。那么只有一个输出端口，如何来控制多个开关量呢？下面说明一下我所设计的一种解决方案。

20.1 方案设计

笔者使用的是国产某品牌的网络摄像头，型号是 HS-733，外形小巧，看起来像个可爱的机器人。它除了可以使用网线连接，

也可以通过 Wi-Fi 进行无线连接，具有一对报警输入、输出端口和音频输出，自身带有云台，可以进行全方位的监控。它的设置和使用方法就不多说了，没有特别之处，按使用说明就可以设置好了。

报警输出是一个常开的继电器接口，使用程序可以控制它的开合，那么我们可以使用开和关让它输出一组二进制的编码吗？答案是肯定的。然后再使用电路对编码进行译码，并做串并转换，转成并口输出。读者朋友这时应该会想到通常串并转换电路有时钟和数据 2 个信号，缺一不可，只有一个端口如何做呢？其实只要数据线上的数据严格遵循时序要求，每个数据时序都有一样的时间间隔，就可以做到单线串行传输。

为了在网络摄像头的报警输出端口产生串行数据，我使用厂家提供的 OCX 控件，并用 Delphi 编写了一个软件对其功能函数进行调用，使得软件可以在界面上控制摄像头云台的动作，也可以连接 USB 游戏手柄进行控制。还有 8 个虚拟开关用软件精确地按照设定的时间间隔发送控制继电器开合的指令，摄像头通过网络接收到指令后，就按要求开关继电器，从而形成一组串行数据。因为网络信号具有不确定性，信号的中断可能造成指令的丢失，使得数据串数据错误。为了避免错误，我设定的数据串格式是 1 位起始码后跟 8 位数据位，每一位为 50ms，重复 2 遍发送，要求译码电路接收 2 次后，对 2 次数据进行对比，相等时才认为传输是正确的。输出二进制数据时的示波器显示的波形如图 20.1 所示。

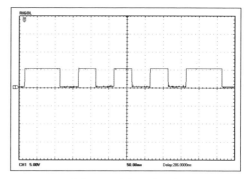

■ 图 20.1　输出二进制数据时的示波器显示的波形

20.2　硬件连接

译码电路我选用了 Arduino UNO，对于这样的简单任务，Arduino 是一个很好的选择，编程方便快捷，调试也方便。电路的连接方式极为简单，如题图所示，只要将摄像头输出的信号接入到 Arduino 的 8 号端口即可，而 0~7 号端口则是输出端口。为了方便测试，我在 0~7 号端口上连接了 8 个 LED，限流电阻选用 470Ω。0~7 号端口对应电脑软件上的虚拟开关，虚拟开关打开或关闭时，相对应的 Arduino 端口就处在低电平或高电平，虚拟开关可以直接在软件界面上点击控制，也可以连接游戏手柄，用手柄上的按键进行控制。实际使用时，可以在输出端口上连接继电器控制电路或其他控制电路，实现具体的控制。

根据编码规则，Arduino 解码程序的流程可以这样走：先判断 8 号端口电平是否为高，如果不为高，则是摄像头上的继电器没有闭合；如果为高，则说明继电器动作了，首先输出的是起始位，延时 25ms，确认起始位后，进入存储数据位的代码段，因为每个位为 50ms，所以每隔 50ms 采集一下，采集点正好位于方波的中心（见图20.2）。经过 8 次采集，把数据移入一个字节的变量中，再进行第二次采集，并把数据移入另一个变量。当 2 个变量的值相同时，说明数据接收正确。在这里只是使用了简单的校验方法，如果需要更加保险，可以再加个校验字节，或者让第二个字节为第一个字节的反码。最后就是把接收下来的数据反映到 0~7 号端口进行输出。

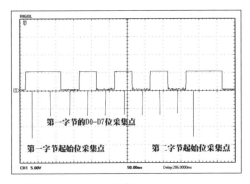

■ 图 20.2 采集数据示意图

20.3 PC 端软件

PC 端软件的使用方法很简单，先执行压缩包里的 OCX_install.exe，安装摄像头的控件，该控件只适用于 HS-733 系列的摄像头，别的摄像头笔者没有测试过。然后运行 Goto_Joystick.exe，会在程序所在目录生成 setup.ini。关闭程序，用记事本打开 setup.ini 文件，修改里面的 IPCAM_Info 项目的前 4 项值，分别是网络摄像头的 IP 地址、端口号、用户名以及密码。再次打开 Goto_Joystick.exe，就可以连接摄像头进行控制了，界面如图 20.3 所示。

■ 图 20.3 软件界面

测试时的情景如图 20.4 所示，这个制作还可以加入电机、电池、轮子，制作成时下流行的 Wi-Fi 智能小车，欢迎读者朋友对不足之处提出意见。

■ 图 20.4 测试摄像头

Arduino 代码

```
void setup()
{
  pinMode(8,INPUT); // 端口设置 8
号为输入
  pinMode(13, OUTPUT);
  pinMode(0, OUTPUT);
  pinMode(1, OUTPUT);
  pinMode(2, OUTPUT);
```

```
  pinMode(3, OUTPUT);
  pinMode(4, OUTPUT);
  pinMode(5, OUTPUT);
  pinMode(6, OUTPUT);
  pinMode(7, OUTPUT);
}
void loop()
{
  byte val[2];
  byte tempa, tempb;
  val[0]= 0x00;// 初始化 2 变量让其为反码
  val[1] = 0xFF;
  if (digitalRead(8) == HIGH)// 为高时进入采集循环
  {
    for (tempa=0; tempa<2; tempa++) //2 字节采集
    {
      delay(25);
      if (digitalRead(8) == HIGH) // 起始位确认
      {
        for(tempb=0; tempb<8; tempb++) //D0-D7 位
        {
          val[tempa] = val[tempa]>>1;
          delay(50);
          if (digitalRead(8) == HIGH)
          val[tempa]=val[tempa]| 0x80;
          else
          val[tempa]=val[tempa]&0x7F;
        }
        delay(25);
      }
      else
      {
        val[0] = 0x00; // 起始位不确认时初始变量
        val[1] = 0xFF;
      }
    }
    delay(50);
    if (val[0] == val[1]) // 判断 2 次数据变量是否相同，相同则在 0-7 号端口输出
    {
      for (tempb=0; tempb<8; tempb++)
      {
        if (val[0]&0x01)
        digitalWrite(tempb, LOW);
        else
        digitalWrite(tempb, HIGH);
        val[0] = val[0] >> 1;
      }
    }
  }
}
```

21 Arduino+TTL 摄像头 自制拉风数码相机

◇丁丁（BG1DRZ）

当别人都是长枪大炮地挤在一起拍照时，你夹在当中用狗头来照相，当然显不出你的个性。如果换成用自己 DIY 的个性化数码相机，那就完全不一样了。

Arduino 支持 SPI 或 TTL 接口的摄像头（这类摄像头普遍有 30 万像素，最高分辨率 640 像素 ×480 像素），所以自己制作简易数码相机就很容易了。目前国内外使用的 TTL 摄像头基本上都是采用中星微 VC0706 芯片的产品（见图 21.1）。这种 TTL/RS-232 接口的摄像头在万能的网上有卖的，自己选就行了。还有一种是同时带 SPI 和 TTL/RS-232 接口的，用的也是 VC0706 芯片。SPI 接口的速度远快于 TTL，所以如果有要求更快处理速度的应用，可以考虑使用 SPI 的版本。元器件清单见表 21.1。

表 21.1　DIY 相机的元器件清单

■ Arduino 控制板 1 个
■ VC0706 摄像头 1 个
■ 轻触按钮 2 个
■ 带开关的 4 节 5 号（AA）电池盒 1 个
■ 5 号（AA）镍氢充电电池 4 节
■ 10kΩ、1/8W 金属膜电阻 3 个
■ 4.7kΩ、1/8W 金属膜电阻 1 个
■ 5mm LED1 个（指示开关机状态及照片存储状态）
■ SD 转接板 1 个（也可根据文中提供的电路图自制）
■ 格式化为 FAT 格式的 SD 卡 1 张（如果用扩展板的话，TF 卡也可以。尽量用小容量的卡）
■ 导线若干
■ 面包板 1 个
■ 万用表（可选）
■ 胶带

玩 Arduino 的 Ada 女士网站上有这个摄像头的运行库和例程，可以直接下载并测试。本制作中使用的摄像头库文件即为 Ada 女士提供的开源版本。

我从网上买摄像头时没注意，买到的是 RS-232 接口的版本，所以需要把 MAX3232 芯片（见图 21.2）拆掉（见图 21.3），才能接到 Arduino UNO 上。MAX3232 的针脚定义可参考其官方 DataSheet 文件。由于摄像头输出的 TTL 电平是 3.3V 的，所以在与 5V 的 Arduino 板接线时，输入端最好用两个 10kΩ 左右的电阻做一下分压，以免损坏电路。如果在实际制作中出现无法通信的状态，请尝试调

■ 图 21.1　TTL 摄像头

换 RX 与 TX 的顺序，排除接线顺序的错误。TTL 摄像头的针脚定义见图 21.4。

■ 图 21.2　MAX3232 芯片

■ 图 21.3　拆掉 3232 芯片后焊接导线

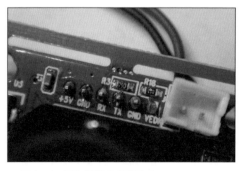

■ 图 21.4　TTL 摄像头针脚定义

　　VC0706 摄像头的测试方法很简单，在使用 RS-232 版本时，直接接计算机串口，通过官方 VC0706CommTool 程序就能检

测摄像头的好坏。如果用的是 TTL 版本的，或者计算机无串口，可用 CP2102 制作的 TTL 转 USB 电路直接连接到电脑上，来测试摄像头的好坏及设置参数。

21.1　硬件连接

　　国外有个用 Arduino 和 TTL 摄像头制作数码相机的开源网站 craft-camera.com，国内有网站还把它的内容翻译成了中文。那个作者到目前为止还没有公布源代码，只公布了外壳的做法。从公布的照片可知，他用的是锂电池供电方案（见图 21.5），锂电池升压成 5V 给 Arduino UNO 使用。单从简单的接线图（见图 21.6）来看，他的方案有点小问题。因为 UNO 板子外接电源时，不能自动工作，只有按 Reset 复位按钮电路才能正常工作。但他公布的接线图中，并没有外接复位按钮的部分。

■ 图 21.5　craft-camera.com 公布的硬件组装图

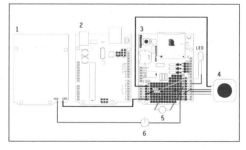

■ 图 21.6　craft-camera.com 公布的接线图

我在制作时使用的硬件连接方式如图
21.7 所示。拍照按钮接到了 Arduino 的数
字接口 7 上。如果直接使用 USB 供电，不
用外接复位按钮。如果用外接电池供电，需
要将复位按钮接到 Arduino 的 Reset 引脚，
按钮另一头接地。安装拍照按钮及复位按钮
前，最好用万用表测一下各引脚的定义，
以免接错。作为外接存储指示灯的 LED 直
接使用了数字接口 13 的数据指示功能，在
LED 上串 2kΩ 以上的电阻到并接地即可，
电阻取值可根据 LED 的亮度灵活选择。

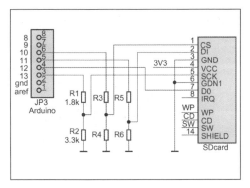

■ 图 21.8　SD 卡转接板（5V 转 3.3V）电路图（图
片来源于网络）

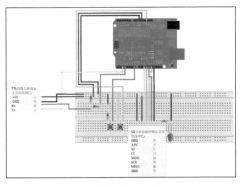

■ 图 21.7　简易数码相机的硬件连接

摄像头的 TTL 接线并不是接于 Arduino
的物理 TTL 口的 TX 和 RX 脚，而是接于数
字接口 2/3，通过虚拟串口进行通信。

Arduino 与 SD 卡通过 SPI 接口传输数
据，接线需要根据自己制作的 SD 卡转接板
（电路图见图 21.8）接口定义来设置。本例
中使用的蓝色板子是 LC Stuido 的成品板（见
图 21.9、图 21.10），请注意接线顺序：SD
转接板端的接线颜色分别为白、绿、黄、蓝，
而 Arduino 端使用数字接口 10~13，接线颜
色分别为白、绿、蓝、黄（见图 21.11）。

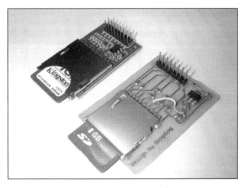

■ 图 21.9　成品 SD 卡转接板（蓝色）及自制的
SD 卡转接板（黄色）

■ 图 21.10　LC Studio SD 卡的转接板针脚定义

■ 图 21.11 SD 转接板端和 Arduino 端的接线顺序

21.2 程序与使用

Ada 女士的 TTL 摄像头例程并不能用于相机的功能，所以需要做些修改。关于 Arduino IDE 环境的搭建及第三方库文件的安装等，并不是本文的内容，请参考《爱上 Arduino》或从互联网上搜索相关教程。

串口的读取速度是很慢的，640 像素 ×480 像素的照片，存储过程大约需要15s。拍照后图片文件的大小约为50KB（见图21.12）。

■ 图 21.12 SD 卡根目录

这个程序里也使用了 Arduino 的 TTL 端口实时输出相机的工作状态参数，联机时，可以直接使用 Arduino 的串口监视器来监测摄像头的运行状态。正常工作时，不用进行状态检测。

这个摄像头默认的通信速度为 38400bit/s。Ada 女士提供的摄像头 Arduino 库文件可以直接使用。当然，如果将通信速度改成 57600bit/s，在存储照片时会快不少，但在面包板上试验时，可能是因为这种面包板接线电气特性的原因，存储时会出问题。把摄像头默认速度改为 57600bit/s，可以使用中星微的官方 VC0706CommTool 程序设置。设置完成后，断电再加电即可。

在自定义摄像头的 TTL 通信速率时，需要先知道相应通信速率下对应的十六进制值。以下为更改速率的步骤。

（1）将 TTL 摄像头通过 CP2102 等 USB 转换电路接到计算机，并运行 VC0706CommTool 程序，打开对应的虚拟串口。

（2）在 VC0706CommTool 中单击"Config"按钮，打开配置窗口。在 MCU

UART BPS 栏选择相应的通信速率后，其下的 Value 框中会显示对应的十六进制值（见图 21.13）。比如我们要更改为 57600bit/s 时，对应的十六进制值为 1C4C。

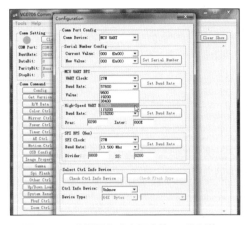

■ 图 21.13 获得通信速率相应的 16 进制值

（3）关闭 Config 窗口，在 VC0706 CommTool 程序中单击"R/W Data"按钮，打开读写数据窗口。R/W、Select Device 以及 Data Num 的值按图 21.14 中选择。Address 输入 08，对应串口速率的高字节，Value 值输入 1C。单击后面的"Write"按钮，即可将数值写入摄像头。接下来，将 Address 的值改为 09，对应串口速率的低字节，Value 值改为 4C。单击"Write"按钮，将数值写入摄像头。通过两次写操作，就可以将摄像头的速率改为 57600bit/s。

■ 图 21.14 更改通信速率

（4）将摄像头从计算机上拔下，重新上电，新速率便可生效。

当然，更改了摄像头的默认速度后，也需要修改库，定义新的通信速度，修改方法是用写字板或记事本打开摄像头库里面的 Adafruit_VC0706.h 文件，将"boolean begin(uint16_t baud = 38400);"这一行里的 38400 改为 57600 并保存即可。

程序调试无误后，就可以写到 Arduino 板里来拍照了。如果经过实际测试，以 57600bit/s 的速率无法正常拍照，可以再按上面的步骤把参数改为默认的。

当然，自己花了这么多时间做出的作品，当然要拿到外面在朋友面前炫耀一下。拿这个 Arduino 相机外出拍照前，可用硬纸板做个个性化的外壳，把这些东西装到外壳里即可。相机外壳可以参考国外的尺寸（见图 21.15）来制作。在实际使用时，最好用电烙铁焊接各电路的接点，并用胶带做电路及接线部分的隔离，以增强稳定性，避免使用时出现接触不良或短路的问题。

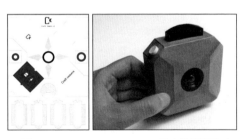

■ 图 21.15 craft–camera.com 公布的相机外壳图纸与成品实物图

22 逗猫机器人

◇杜尚明

逗猫机器人会用两个舵机分别控制 *X*、*Y* 轴，引导一个红色的激光点在地上时而随机移动，时而按程序移动，同时发出吹口哨的声音。宠物猫有捕猎天性，会追着地上的红点来回奔跑，故我将这个装置称为逗猫机器人。

22.1 立即开始

很多家庭都养着一只宠物猫。当主人外出或是忙于工作时，也许这个简易的机器人能给宠物猫和他们的主人带来一些欢乐。逗猫机器人是很简单的项目，你可以很快地将它做出来，通过修改笔者提供的代码，还可以增加逗猫机器人能够完成的动作。

逗猫机器人会随机选择动作，每个动作中的参数也是随机的。它偶尔会通过蜂鸣器发出吹口哨的声音引起宠物的注意（通过 for 循环实现）。

当连接上蓝牙串口时，你可以通过手机上的串口 App 控制红色光点移动。一个比较好的程序是 Android 版蓝牙串口助手，可以设定一个按钮发送一个数据，分别设定上、下、左、右发送十进制数值 8、2、4、6，在菜单中选择长按时连续发送，发送间隔 200ms。

22.2 需要准备的工具和元器件

（1）5V 开关电源，电流要大。

（2）Arduino，笔者使用的是 Arduino Nano（见图 22.1）。

（3）一个激光管，带有保护电阻，接入 5V 电源即可输出正常亮度的红光束（见图 22.2）。为了保护宠物，一定要选用极小功率的激光管。

■ **图 22.1 Arduino Nano**

■ **图 22.2 激光管**

（4）两个 9g 舵机（见图 22.3）。尽可能不要只用 Arduino 上的 USB 接口为带有舵机的项目供电，否则可能使舵机卡住，甚至有损坏 USB 接口的风险。

■ 图 22.3　9g 舵机

（5）一个蜂鸣器或 8Ω 扬声器，蜂鸣器也可用有源的，但口哨声效果可能不好。

（6）如果你想通过手机程序控制激光点移动，还需要一个蓝牙串口模块（见图 22.4），波特率设置为 9600 波特，你也可以修改程序中的 Serial.begin() 函数来调整波特率。

■ 图 22.4　蓝牙串口模块

22.3　在面包板上搭建这个项目

将一个舵机用热熔胶固定在另一个舵机的摇臂上，再将激光器粘在第二个舵机的摇臂上，形成可以控制两个轴转动的结构（见图 22.5）。

■ 图 22.5　将一个舵机用热熔胶固定在另一个舵机的摇臂上

蜂鸣器连接 Arduino 的 pin2；X、Y 两个 PWM 舵机接 pin4、pin7；激光管接 pin13；蓝牙串口连接 GND，还有模块的 TX 和 Arduino 的 RX（见图 22.6）。如果蓝牙模块上有连接指示灯的引脚，将它接在 pin5 上；若没有，可手动控制逗猫机器人的工作模式，pin5 接低电平为程序控制，接高电平为蓝牙控制。

■ 图 22.6　连接硬件

蓝牙串口的设置方法：启动蓝牙串口助手，连上蓝牙模块，切换到键盘模式，将前、后、左、右的发送值分别设置成十进制的数值 8、2、4、6（见图 22.7）。按一次相应按键，舵机的角度就会调整 2°（可在程序中修改）。

■ 图 22.7　蓝牙串口设置方法

■ 图 22.9　实际工作情形 2

　　请再次注意，pin5 接低电平为程序控制，接高电平为蓝牙控制。若不使用蓝牙模块，应将 pin5 与 GND 短接。

　　调试方法：上电，蜂鸣器短促鸣响一声后，两个舵机应当都指向中间，即激光垂直朝地面发射。若角度不准，可在蜂鸣器响、舵机归中后立即断电，拆下舵机摇臂，重新安装在中间位置。

　　逗猫机器人实际工作时的情形如图 22.8~ 图 22.10 所示。

■ 图 22.10　实际工作情形 3

■ 图 22.8　实际工作情形 1

姿态控制智能交互灯 LightBox

◇谢林宏

LightBox 以 Arduino Nano 为核心，通过三轴加速度传感器 ADXL345 收集数据，用以选择功能并控制 20 个共阳极雾状 RGB LED。它不可拆卸，但可以通过无线充电的方式进行充电。其效果如题图所示。

其智能交互功能如下（见图 23.1）：（1）向 X 轴方向摇动，启动白光模式；（2）向 Y 轴方向摇动，自变色；（3）向 Z 轴方向摇动，随姿态变色。由于元器件在内部的摆放姿态问题，真正的 X、Y、Z 轴和程序中的 X、Y、Z 方向可能是不同的，但并不影响使用。

接下来我来教你做一个 LightBox。制作所需工具和材料见表 23.1。

表 23.1　制作所需工具和材料

名称	数量
Arduino Nano	1 个
ADXL345 加速度模块	1 个
无线充电模块	1 对
DC-DC 5V 升压模块	1 个
锂离子电池 952240	2 个
共阳极雾状 RGB LED	20 个
5Ω、100Ω 电阻	各 1 个
杜邦线、维修用飞线	若干
5.5mm DC 电源接口	1 个
12V 电源适配器	1 个
NPN 型三极管 8050	3 个
电烙铁、热熔胶枪裁、剪万用板的工具	

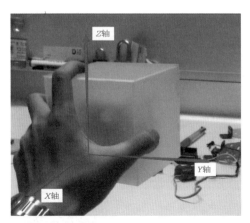

■ 图 23.1　向不同方向摇动 LightBox，可实现不同功能

23.1 电路连接

总体电路原理图如图 23.2 所示。R1 的值取决于电路中所有 RGB LED 的电流的总和，这里用的 R1 为 5Ω，R2 为 100Ω。

注意：样机只为实现功能，所以没严格考虑电路的合理性。本图简单粗暴地使用 5V 电压经二极管 1N4007 为锂电池充电，这是错误的，轻则导致电池寿命大打折扣，重则令人害怕，读者在实际制作时应该为锂电池增加一个充电模块。

用杜邦线和飞线简单粗暴地连接图 23.3 所示的模块，限流电阻和三极管需要焊在一个电路板上，最后结果如图 23.4 所示。烧入程序，晃动 ADXL345 模块测试一下功能，看看是否有电路错误（见图 23.5）。在 Arduino Nano 的表面覆盖一层热熔胶，以防止模块间接触意外造成短路，其他模块也要这样做（见图 23.6）。然后简单粗暴地用热熔胶将它们捆起来（见图 23.7）。捆起来之前，可以用钳子剪掉元器件上的一些排针（比如 Arduino Nano 的 ICSP 和 I/O 口的排针），以减小体积。一旦作品完成，这块 Arduino Nano 是不可能再拿出来使用的了，所以该剪就剪。

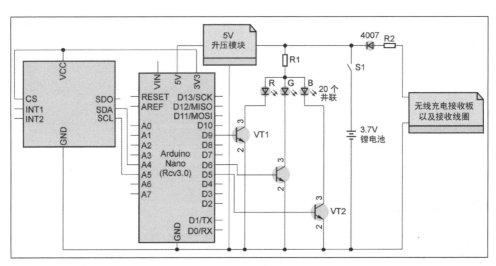

■ 图 23.2 电路原理图

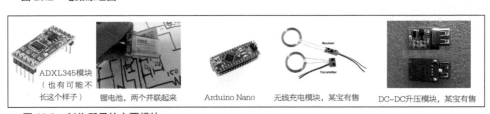

■ 图 23.3 制作所用的主要模块

■ 图 23.4　简单粗暴地连接

■ 图 23.5　测试电路功能是否正常

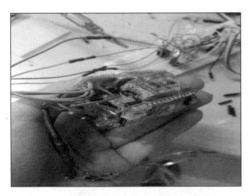

■ 图 23.6　在模块上覆盖一层热熔胶，以防意外短路

■ 图 23.7　用热熔胶将各模块捆起来

再次测试功能，测试充电效果。做完以上工作之后，这块东西就可以先放在一边了。

23.2　制作亚克力外壳和 RGB LED 部分

用 AutoCAD 画出磨砂（透光）的 5 个平面，如图 23.8 所示，尺寸单位为 mm；然后画出底面和内部结构，如图 23.9、图 23.10 所示。底面那个 1cm×1cm 的开口是留给开关的。内部结构的长条形小孔是安装 LED 用的。

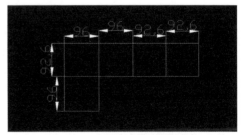

■ 图 23.8　用 AutoCAD 画出 5 个平面

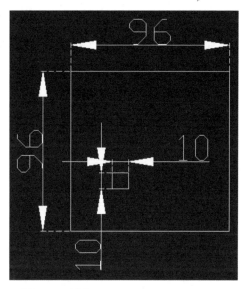

■ 图 23.9　底面

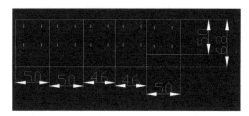

■ 图 23.10　内部结构

充电座其实就是一个装无线充电发射模块的盒子，图略。

把这些图的 dwg 文件发给亚克力板激光切割店，过几天就可以拿到材料了。透光的那 5 个面要选用透明磨砂亚克力板，其他部分采用白色不透明的亚克力板就好。板材规格选为厚度 2mm 的（标称 2mm，实际厚度只有 1.7mm）。

拿到亚克力板后，找到 5 块有洞的亚克力板，也就是内部结构，仔细对比尺寸，确认它们围起来是一个底部开口的长方体，然后把 RGB LED 装上去，引脚穿过亚克力板的洞（见图 23.11）。

■ 图 23.11　把 RGB LED 装到亚克力板上

是时候展示真正的技术了！20 个 LED 是并联的，相同引脚都需要相连，普通的导线太硬，难以折弯，于是我用到了维修用飞线（见图 23.12）。柔软的维修用飞线是很好的选择，能够适应将亚克力围成长方体的过程。焊接时要注意确认飞线是否容易从焊点脱落，再使用万用表确认是否导通。此外还要留意线的直径，线越细，允许流过的电流就越小，有些地方需要使用多根线来连接，以保证足够的电流。更靠近电源的地方要用更多的线来连接，阳极引脚间的飞线也要比

■ 图 23.12　维修用飞线

阴极引脚的多。这一步虽然也很简单粗暴，但比较考验耐心，慢慢焊，不用急。建议不要使用图 23.13 中彩色的线（其实就是杜邦线剪成一段一段的），焊点容易脱落。

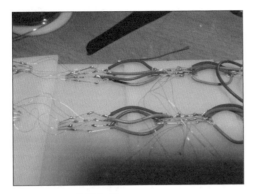

■ 图 23.13 焊接细节

接上主要电路，也就是本文上一部分教大家做的那一坨东西，然后将板子围成长方体（见图 23.14）。板与板之间用可靠的胶水封好，内部部分就做好了（见图 23.15）。

■ 图 23.14 接上主要电路

底部再装上亚克力底面，充电接收线圈用热熔胶固定在底面正中心，自锁开关的位置如图 23.16 所示，要反复比较，确认自锁开关的位置。

图 23.15 完成的内部部分

■ 图 23.16 底部装上亚克力底面

将透明磨砂的亚克力板围成正方体外壳。如果用 502 胶水来黏合，磨砂亚克力表面将会出现白雾甚至指纹，影响效果，建议使用挥发性不那么强的胶水来黏合。最后得到一个尺寸为 96mm×96mm×96mm 的正方体（见图 23.17）。

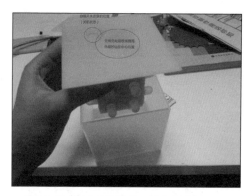

■ 图 23.17　装上内部部分，用胶水固定

　　充电座非常简单，就是用几块亚克力板把 DC 电源接头和无线充电模块的发射模块包在里面而已（见图 23.18）。把 DC 接口和无线充电模块的正负极接好就可以了。大家还可以加上自锁开关和指示灯，加自锁开关记得改 CAD 图开孔。

■ 图 23.18　充电座

　　接好电源，把 LightBox 放上去，将两个线圈对准就可以充电了（见图 23.19）。

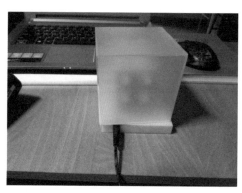

■ 图 23.19　充电状态

　　这个灯有什么用处？说实话我也不知道，反正我是拿去送给女生了，她们很喜欢它。

24 花园管家——自动浇花系统

◇范亚运

随着人们生活节奏的加快，即使是给最爱的花草浇水也往往无法顾及，如何营造一个美丽的绿色家园是现代都市生活的烦恼。如果家里不种花草，回到家里会感觉枯燥乏味。偶尔出差、旅行、探亲是很正常的事情，而家中的花草谁来管？花草生长问题 80% 以上是由浇灌问题引起的：好不容易种植了几个月的花草，因为浇水不及时，长势不好，用来美化家园的花草几乎成了"鸡肋"；不种植吧，家中没有绿色衬托，感觉没有生机；保留吧，花草长得不够旺盛，还影响家庭装饰效果。对于广大 DIY 爱好者，我们要介绍一款可以自己动手组装、编程、设置参数的自动浇花控制器，如图 24.1 和表 24.1 所示。它是一款基于 Arduino 的控制器，使用土壤湿度传感器对土壤湿度进行监测，通过温 / 湿度传感器对室内温度、湿度进行测量，控制水泵或电磁阀进行浇水，从而达到自动浇灌的目的。

表 24.1　所需器材

- Arduino 自动浇花系统控制器
- 潜水泵（也可选择电磁阀）
- 电池盒
- HS-311 舵机
- 储水设备（水桶或水盆）
- 引水管 1m
- 土壤湿度传感器 Moisture Sensor（也可选择碳棒）

24.1　浇灌单盆花的制作步骤

1 将土壤湿度传感器 Moisture Sensor 连接到 Arduino 自动浇花系统控制器的任意可用模拟口，用于采集土壤湿度参数。选择不同的模拟口，程序中需对应设置，这里我们选择模拟口 3。

2 将潜水泵连接到控制器的 MOTOR 插座上，注意区分正负极，由数字口 5、6 来控制开启与停止，潜水泵的出水口连接引水塑料软管的一端，水管的另一端固定在花盆上方。

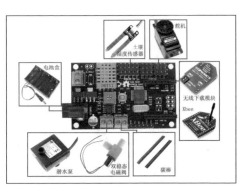

■ **图 24.1　自动浇花系统组装示意图**

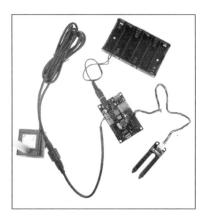

❸ 将水装在水桶或水盆里，放在离花盆较近的位置，将潜水泵接线端连接到控制板，潜水泵置于水桶或水盆内，保证蓄水充足，以供浇水（注意潜水泵必须在水中使用）。

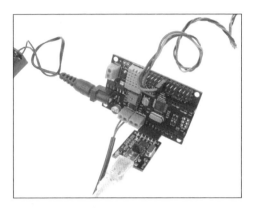

❹ Arduino 自动浇花系统控制器上设有 Xbee 接口，可以用 Xbee 无线模块进行数据的无线传输，这样，用户便可以轻松在室内用计算机观测到实际数据。将配对设置好的 Xbee 模块的其中一块直接插到控制器的 Xbee 接口上，另一块插到 Xbee 适配器上，与计算机连接。

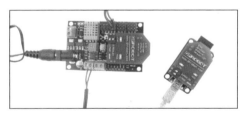

❺ 连接好各部件之后，给控制器通电，系统便开始工作了。

程序代码

```
#include <sunflower.h>
// 我们提供的库函数
#define MoistureSensor 3
// 土壤湿度传感器端口 3~7
sunflower flower;
void setup()
```

```
{
    Serial.begin(115200); // 波特率
    flower.Initialization();
    // 初始化主控制器，默认选择土壤湿度
传感器和潜水泵
}
void loop()
{
    flower.erialSet(MoistureSensor);
    // 检测上位机修改参数命令，读取土壤
湿度值
    flower.process();
    // 室内温度、湿度检测
    flower.Potentiometer();
    // 浇水阈值读取
    flower.print();
    // 输出室内温度、土壤湿度、室内湿度、
土壤湿度阈值、传感器和驱动器参数
    delay(500);
}
```

配套程序实现了从上位机软件选择湿度传感器（土壤湿度传感器或碳棒）和浇水形式（潜水泵或电池阀），同时返回土壤湿度、室内温度、室内湿度等参数到上位机上显示的功能。

为了能方便用户观察土壤湿度及室内环境的参数，我们还开发了 flower's life 这款软件，通过该软件把土壤湿度和环境温/湿度数据呈现在我们面前。flower's life 软件的界面如图 24.2 所示。

■ 图 24.2　flower's life 软件的界面

该软件主要通过对串口数据的监听，实现对当前控制器串口返回的土壤湿度和室内温度、湿度等参数的读取。其读取时间不定，该软件会自动监测串口数据的接收并自动读取，不会在没有数据的时候随意读取，避免了部分数据读取冲突所造成的错误。

自动浇花控制器使用附带的程序下载器连接到计算机上，即可和上位机软件通信。通过这款软件，我们能对启动浇水的动力和湿度传感器进行选择，单击"设置"，选择当前串口端口号和通信波特率。串口请到设备管理器中查看，默认波特率为 115200 波特，如图 24.3 所示。

■ 图 24.3 串口设置

设置好后，单击"连接"按钮，我们就可以看到当前土壤湿度以及室内温 / 湿度的情况了，如图 24.4 所示。

■ 图 24.4 检测当前土壤湿度以及室内温湿度

不同的花草，对土壤湿度的需求也不尽

相同，我们可以根据自动浇花控制器上的湿度调整电位器来改变浇水阈值，以适应不同花草对土壤湿度的需求。轻轻转动电位器旋钮（见图 24.5），软件上的浇水阈值也会随之发生改变，这样，我们就能根据花草的最佳生长状态调节一个适合的浇水阈值了，浇水上限在程序中修改即可。

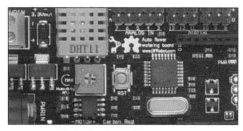

■ 图 24.5 转动箭头所指的电位器旋钮，软件上的浇水阈值会随之改变

另外，如果环境温度过高，花草也不宜浇水，否则可能会导致花儿枯死。浇水的温度阈值可在程序中进行设置，默认为 35℃以上不启动浇水系统，用户也可以根据自己的意愿进行修改。

24.2 浇灌多盆花的制作步骤

该自动浇花控制器有 5 个可用模拟口，最多可以读取 5 组湿度数据，所以我们可以同时给 5 盆花浇水。但是浇水装置只有一个，怎么办呢？这里就需要用到一个 HS-311 舵机，通过舵机的转动带动浇水装置。实现对不同位置的盆栽进行浇灌。

将 5 个 Moisture Sensor 连接到模拟口 3~7，然后将湿度检测端分别插于 5 盆土壤内（由于条件有限，这里用水杯代替）。舵机要固定在一个高于花盆的支架上，将引水软管绑定在舵机的旋转盘上，如图 24.6

所示。其他连接与浇灌单盆花相同，下载程序，就可以给多盆花浇水了。

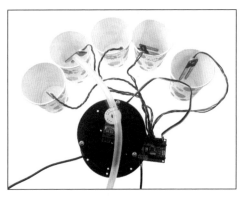

■ **图 24.6　浇灌多盆花的连接方法**

浇灌多盆花的程序，要让控制器循环采集每个湿度传感器的值，并和预置阈值进行比较。如果某个传感器的值低于阈值，那就控制舵机转到相应的角度，然后打开潜水泵或电磁阀进行浇水。

看到这里，你是不是也跃跃欲试了呢？有了这个系统，花草渴了，系统会自动启动水泵浇水，而不用你亲自浇水，也不会浇水过度了。对于喜欢养花的 Diyer 来说，既享受了花朵的芳香，又完成了一项不错的 DIY 作品呢。

程序

```
#include <Servo.h>
#include <sunflower.h>
#include <avr/wdt.h>
sunflower flower;
Servo myservo;
int val1,val2;
float pig1,pig2,pig3,pig4,pig5;
void setup()
{
  Serial.begin(115200);
  wdt_enable(WDTO_4S);
  flower.Initialization();
```

```
  myservo.attach(9);
  myservo.write(36);
  delay(100);
}
void loop()
{
  val1=0,val2=0;
  pig1=0,pig2=0,pig3=0,pig4=0,
pig5=0;
  delay(100);
  val2=flower.process();
  // 室温值
  pig1=flower.moisture(3);
  // 湿度1
  pig2=flower.moisture(4);
  // 湿度2
  pig3=flower.moisture(5);
  // 湿度3
  pig4=flower.moisture(6);
  // 湿度4
  pig5=flower.moisture(7);
  // 湿度5
  val1=flower.Potentiometer();
  // 浇水阈值
  //val2=flower.process();
  if(val2<35)
    {
    if(pig1<val1)
      {
      myservo.write(36);
      // 舵机角度，用户请根据实际情况
设置，范围为10°～170°
      delay(500);
      flower.pump();
      // 开启水泵浇水
      }
    else if(pig2<val1)
      {
      myservo.write(72);
      // 舵机角度，用户请根据实际情况
设置，范围为10°～170°
      delay(500);
      flower.pump();
      }
    else if(pig3<val1)
      {
      myservo.write(108);
      // 舵机角度，用户请根据实际情况
```

```
设置，范围为10° ~170°
    delay(500);
    flower.pump();
  }
  else if(pig4<val1)
  {
    myservo.write(144);
    // 舵机角度，用户请根据实际情况
设置，范围为10° ~170°
    delay(500);
    flower.pump();
  }
  else if(pig5<val1)
  {
    myservo.write(170);
    // 舵机角度，用户请根据实际情况
设置，范围为10° ~170°
    delay(500);
    flower.pump();
  }
```

```
    if(pig1>50&&pig2>50&&pig3
>50&&pig4>50&&pig5>50) flower.
offpump();
    // 关闭水泵
    flower.print();
    Serial.print(pig1);
    Serial.print(",");
    Serial.print(pig2);
    Serial.print(",");
    Serial.print(pig3);
    Serial.print(",");
    Serial.print(pig4);
    Serial.print(",");
    Serial.println(pig5);
    delay(500);
  }
  wdt_reset();
  // 看门狗复位，防止意外死机
}
```

25

解放双手，呵护植物
——自动浇花系统的实作与改进

◇蒋颢

随着生活条件的日益改善，许多人获得了大量的空余时间，那大家都是怎么来打发这些时间的呢？有人会出去旅游，有人会打牌，也有人会养一些宠物，还有许多人则种植了一些喜爱的花花草草，这些花花草草不仅可以丰富茶余饭后的生活，也能把屋子、院子点缀得色彩缤纷。

但是，就如人不能不吃饭，植物也离不开水。问题也就随之而来了，如果没有时间给植物浇水怎么办？好好的植物要是因为缺水而死了也怪可惜的。这不，前段时间我们家就发生了这样的情况：爷爷、奶奶报团出去旅游了，本来老年人出去玩玩是挺开心的一件事，谁曾想，一回家发现院子里的盆栽死了好几株，出去游玩的快乐心情也就一下子被毁了。如果有一套可以根据泥土的湿度来自动为植物浇水的系统那就太好了。

自动浇花不仅要考虑泥土的湿度，也要考虑植物的位置，更要考虑节水的要求。基于 Arduino 的自动浇花系统 Free Life，以其小巧、方便、可根据自己需求编写程序等优点吸引了我，这正是我所要寻找的。

25.1　初体验

Free Life 自动浇花套件提供了一个系统控制器（见图 25.1），控制器使用 ATmega32U4 芯片，程序的上传方法和给 Arduino Leonado 上传程序的方法是一样的。用户可以使用 Arduino IDE 为系统控制器编写程序，以达到自己想要的效果。系统控制板上的 USB 口用来和计算机通信，供用户烧写程序。板子提供了 5 个数字 I/O 口、4 个模拟 I/O 口、温度阈值调节钮、电源接口和水泵接口等，用户可以将传感器连接到控制板上来完成相应的工作。控制板还提供了无线模块接口，使用无线模块，用户可以通过手机等设备来遥控系统。套件还为系统控制器提供了一个防水外壳，使整个系统可以在更加安全的情况下使用。套件里还有土壤湿度传感器和 DHT11 温 / 湿度传感器各一个，也支持换用 DS18B20 温度传感器，这些传感器可以将植物所处的环境情况变成数据反馈给用户。整个系统的连接方法如图 25.2 所示。

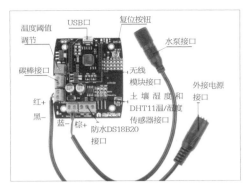

■ 图 25.1　Free Life 自动浇花套件的系统控制器

■ 图 25.2　Free Life 自动浇花套件连接示意图

25.2　再创造

我首先测试了潜水泵的使用情况。套件提供了潜水泵以及出水管，但是水管的出水过于集中，流量也过大，从而无法均匀地浇水，甚至会造成某一地方浇水过多的现象。这该如何是好呢？这时候，公司里的 3D 打印机吸引了我的目光。是不是可以给水管做一个喷头呢？说干就干！由于专业原因，以前我并没有学习过机械设计的知识以及软件，所以一切都要从零开始。

首先，我给计算机装上了 Solidworks，这是一款比较容易上手的三维 CAD 软件，接着又从网上找来了它的教程，于是便开始

了我的 3D 绘图之旅。从平面草图的绘制到立体图形的修改，仅仅用了一天的时间，我就把 Solidworks 的基础掌握了。之后又看了一些别人设计的喷头，我就着手自己的设计了。很快，一个简单的喷头模型便出炉啦（见图 25.3）。

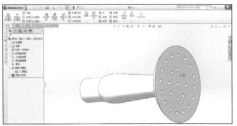

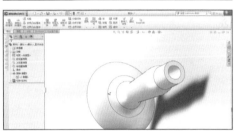

■ 图 25.3　Solidworks 上的喷头设计图

借助 3D 打印机，一个自行设计、自行制造的迷你喷头便可以投入使用了（见图 25.4）。这也不禁让我感觉到了 3D 打印机的方便之处。如果缺少什么零件，只需用 3D 打印机打印就可以了，省时省力，而不需要跑到零件市场去大海淘金。

■ 图 25.4　3D 打印机打印出的喷头

25.3 终制作

由于条件的限制，我选择用一盆盆栽来做我的测试。我准备使用两个土壤湿度传感器来检测盆栽中两个不同位置的泥土湿度。当检测到某一处的泥土湿度值低于植物生长所需要的湿度时，通过舵机转到该位置，然后驱动潜水泵进行浇水。制作所需材料见表 25.1。

表 25.1　所需器材

- Free Life 自动浇花系统控制器，1 个
- Micro USB 线，1 根
- 土壤湿度传感器，2 个
- 潜水泵（带橡胶水管），1 套
- 舵机（或旋转台），1 个
- 螺旋传感器，1 个

1 下面开始连接硬件。首先将零件按照接线图连接到控制板上。

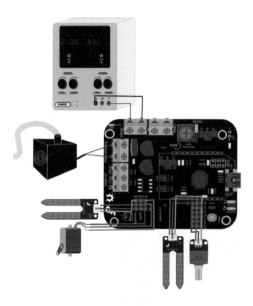

2 旋转台接数字 I/O 口，两个土壤湿度传感器接模拟 I/O 口。由于板子装入防水壳后不方便调节湿度阈值调节钮，所以我另外加了一个螺旋传感器来调节湿度阈值，同样也将它接到一个模拟 I/O 口上。

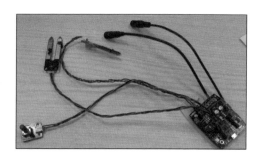

3 将植物放置在旋转台上。

④ 将两个湿度传感器分别插到土壤不同的位置。

⑤ 将潜水泵放置在水下（不能露在空气中，否则会损坏），固定好喷头。

⑥ 至此，整套设备就准备完毕了。

接下来让我们来看一下程序应该怎么写。

程序

```
#include <Servo.h>    // 舵机库文件
Servo myservo;   // 定义舵机名称
void setup(){
  pinMode(4,OUTPUT);
  pinMode(5,OUTPUT);
  pinMode(6,OUTPUT);
  pinMode(7,OUTPUT);
  // 控制潜水泵的数字口
  digitalWrite(6,LOW);
  digitalWrite(4,LOW);
  digitalWrite(5,LOW);
  digitalWrite(7,LOW);
  myservo.attach(10);
  // 舵机连接到数字口10
  myservo.write(90);
  // 设置舵机的初始位置
}
void loop(){
  int val1=analogRead(2);
  // 第一个位置的土壤湿度值
  int val2=analogRead(3);
  // 第二个位置的土壤湿度值
  int v_max=analogRead(4);
  // 湿度阈值读取
  if(val1<v_max){
    myservo.write(180);
    delay(500);
    digitalWrite(5,HIGH);
    digitalWrite(6,HIGH);
    // 当第一个位置的土壤湿度低于阈值
时，设置舵机转到该位置，进行浇水
  }
  else if(val2<v_max){
    myservo.write(0);
    delay(500);
    digitalWrite(5,HIGH);
    digitalWrite(6,HIGH);
    // 当第二个位置的土壤湿度低于阈值
时，设置舵机转到相应位置，进行浇水
  }
  else {
    myservo.write(90);
    digitalWrite(5,LOW);
    digitalWrite(6,LOW);
    // 当土壤湿度满足植物生长所需时，
舵机回到初始值，停止浇水
  }
}
```

我们可以更改程序，来达到不同的浇水效果。例如浇水的时候可以设置成浇 3s、停 2s 的循环，这样可以避免一下子浇灌过多的水分。而程序只需做一个小小的改动。

```
if(val1<v_max){
  myservo.write(180);
  delay(500);
  digitalWrite(5,HIGH);
  digitalWrite(6,HIGH);
  delay(3000);
  // 当第一个位置的土壤湿度低于阈值时，
设置舵机转到该位置，进行浇水，持续 3s
  digitalWrite(5,LOW);
  digitalWrite(6,LOW);
  delay(2000);
  // 停止浇水，2s 之后继续浇水
}
```

我们也可以做别的改进。例如将喷头固定在舵机上，在以它为中心的圆周上使用多个湿度传感器，当某个位置的湿度不足时，控制舵机将喷头转到该位置进行浇水。这就可以应用到多盆植物或者小花园的浇水上。

至此，浇花系统的软硬件都已准备完毕，用 microUSB 线把程序烧写到控制板上，然后接上外接电源，就可以工作啦！我们可以放心地去做自己的事，系统将会管理好一切的。

25.4 做后感

本文旨在与大家分享笔者的一次制作经历，同时也推荐一款不错的套件，通过简单的程序烧写就可以让机器代替人来给植物浇水。在电子世界中遨游，你将获得无限的乐趣，无数脑海中的想法都可以想办法来实现。希望各位读者多观察、多发现、多思考、多动手，电子世界必将带给你意想不到的惊喜！

语音控制台灯

◇ 杨泓瑜　阮得盼　杨楠

大家在平常焊接电路时，肯定遇到过这样的问题：一手拿着电烙铁，一手拿着焊锡丝焊接，在突然改变一个角度后，就把灯光挡住了。放下电烙铁去调整灯光，一是麻烦，二是高温的电烙铁随意一放又很危险。所以，我想到何不设计一款语音控制的台灯？在很多类似的情况中，都可以派得上用场。

26.1 设计思路

有了初步的想法后，我们首先确定具体方案。由于这个创意受到皮克斯动画里开场小台灯的启发，我们给它取名为"皮克斯"。我们初步设想皮克斯台灯要实现语音控制，它可以根据不同的语音命令做出不同的动作，完成上下左右运动、开、关、摇头、点头、跳舞等动作。

26.2 硬件制作

既要实现台灯预想的功能，又要简化加工难度，我们设想直接运用机械臂的结构（见图26.1），在上端用螺丝固定用亚克力板雕刻的灯头。这样既能满足基本的要求，制作起来又方便，而且外观比较简洁、美观。为了保证灯光的充足，我们选用了一组由24个LED组成的灯板（见图26.2）作为光源。信号经过升压模块（见图26.3）升压后，为LED灯提供12V的电源。经过验证，灯的亮度完全能满足使用要求。

■ 图 26.1 机械臂支架

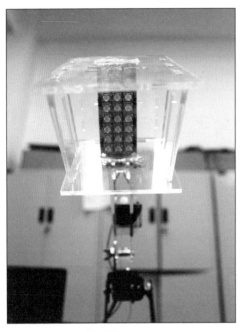

■ 图 26.2 LED 直视图

■ 图 26.3 升压模块

我们选用了Arduino MEGA 2560作为主控板，声音模块选用的是DFRobot中文语音识别模块Voice Recognition（见图26.4）。Voice Recognition是一款非特定人语音识别模块，只需要在主控MCU的程序中设定好要识别的关键词语列表，并动态地把这些关键词语以字符的形式传送到芯片内部，就可以对用户说出的关键词语进行

识别，不需要用户事先训练和录音。该模块可以设置50项候选识别句，每个识别句可以是单字、词组或短句，长度不超过10个汉字或者79个字母，可由一个系统支持多种场景，并且可以根据当地一些口音，适当加入方言的拼音组合，这样一来还可以识别当地方言，增加了个性化。而且Voice Recognition语音识别模块采用叠层设计，可以直接插接到Arduino控制板上，用户使用Arduino便可以快速设计产品原型。在语音识别模块上方，我们还加上了一个I/O扩展板V5，方便舵机的插线。各模块之间的连接如图26.5所示，制作完成的效果如图26.6、图26.7所示。

■ 图 26.4 Arduino 控制板、语音识别模块和I/O 扩展板

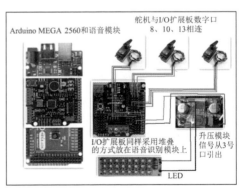

■ 图 26.5 各模块之间的连接

了。台灯的运动由3个舵机协调运动完成。最下面的舵机负责台灯左右旋转，同时还可以做出摇头的动作。中间的舵机不能单独完成动作，必须和其他舵机同时动作才能完成相应的动作，比如前、后这两个动作就要求中间的舵机和最上面的舵机一个正转、一个反转来完成。最上面的舵机可以实现上、下运动，如果将上、下运动连起来就是点头的动作了。另外，3个舵机同时运动，还可以实现一些简单的舞蹈动作，再加上闪烁的灯光，非常具有机械的动感，可完成一些简单的人机互动。但实现整个运动的过程是十分枯燥的，需要反复计算舵机的旋转角度，还要考虑到一些极限情况和特殊情况，也唯有这样，才能保证我们的皮克斯台灯尽可能完美。

我们在调试时发现，由于灯头比重、比较大，在运动时容易失去平衡，在放慢舵机运转速度后，问题还是存在。经过商讨，我们决定再加一个木制底座，利用螺丝和垫片固定（见图26.8），稳定台灯。后来又发现在大范围转动时，舵机时常出现震颤的现象，查资料才知道是由于Arduino本身的电流较小，无法支持3个舵机，所以我们又在I/O扩展板上加上了6V的直流电源，问题才得到解决。

■ 图 26.6 制作完成的效果

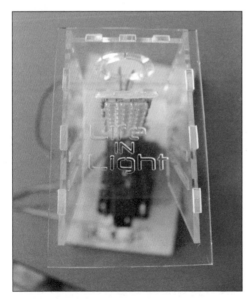

■ 图 26.7 在顶端面板上雕刻的装饰——Life in Light

26.3 调试

在设计和硬件制作完成后，就是调试

■ 图 26.8 底座加固

我们的设计还不够完美，还不能够媲美真正的皮克斯台灯，但是现阶段的功能也是很有应用前景的。在一些特殊的场合，如果有可以用语音控制的灯光，就可以增加效率，比如焊接时、牙医做手术时。我们的台灯也适合那些长期坐在办公室里的人，因为皮克斯不仅可以实现语音照明，而且还可以做出一些简单的舞蹈动作，识别一些新潮词语，比如说"江南Style"，台灯就会边闪光，边做出类似骑马舞的动作，实现人机互动，增加产品的互动乐趣性（见图26.9）。我们希望在接下来的优化过程中，能让舵机的运转更加顺滑，并加入台灯能自己学习并

识别用户想存入的词汇，并让用户自己设定动作的功能，让互动更加自由化，让台灯表现得更加智能。

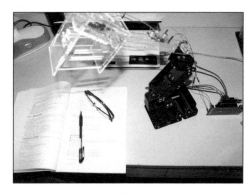

■ 图 26.9 工作时的效果

27 CLOUD 点滴计时器

◇阮煜钊

这款CLOUD点滴计时器的设计灵感来源于医院里一张张熟睡的面孔。当我们在上程序设计课程时,有时要外出考察,而我们选择的课题是医疗用品设计。在医院里,我们看到许多病人在输液时由于不知道什么时候结束,百无聊赖,经常在不经意间睡着,其实这是不安全的。点滴打完后,需要叫护士来换针,不然血容易倒流。于是我们以此为入手点,利用Arduino设计出了一款点滴计时器。这个计时器的工作原理是计算出去皮后的药液重量,再配合计算单位时间内减少的重量,从而得出一个点滴完成的预计时间,通过亮灯或蜂鸣等方式提醒病人,原理十分简单,而且使用方便、操作简便。我们和医院的医疗人员沟通,也证实了这个设计的可行性与必要性。

我们希望能够关注到用户的小需求,在输液时能给予他们关怀,通过这样的方式让人们在医院能得到更好的体验,使就医这件事变得多一点温暖,少一点冰冷。

27.1 设计历程

历时近两个月的设计过程,可以总结为5个阶段。

1 画故事版

学院的课程的主要基点为编程设计,所以得设计流程图。课题要求对"广州大学城里的不方便之处"展开思考,我们着眼于医院,开始从看病难等问题进行想象。故事版如下:大学城某学生深夜身体不舒服,独自去广东省中医院大学城医院看病,从宿舍前往医院,进行挂号,进入急诊,缴费,拿药,输液,离开医院,再回到宿舍。这些过程都会有时间的推算和问题思考。虽然这类情况比较特殊,但是时常会发生。其实这个故事版主要是想验证医院深夜急诊看病难和输液难的问题。

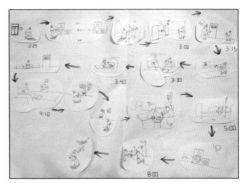

2 医院调研

我们到医院进行实地调研,对多个病人从入院到出院的过程进行观察,记录时间、病人行走路线等,发现医院看病难的问题可以排除:病人从挂号到出院的时间大多在20min 内,时间较短,而且病人的行走路线相对直顺。而输液难的问题在于人们在输液时因为不知道什么时候结束,经常在不经意间睡着,导致血液回流到针管里,由此产生了这个项目的概念。

③ 深圳考察

这次考察使我们深入意识到创客在深圳乃至全国的发展，工业生产结构、工业新生力量在我国的变化、成长，这有利于提升我们对产品从构想到实现的过程的认识。

④ 技术交流

这次项目由广州美术学院与广东工业大学的学生合作完成，在技术方面，双方多次进行讨论。从构想到实现，这是十分关键的步骤。

⑤ 原型制作

先是制作电子部分，这个过程比较艰辛，因为广州美术学院的同学是第一次接触这行，在广东工业大学技术成员的帮助下，这才变得相对顺利。然后是外壳的制作，这里采用透明的亚克力材质是为了更好地观察里面的电子部分的位置和元器件之间的连接。我们把产品的原型做成最简单、最原始的模样，直观表达产品原理。

27.2 电子部分

电子部分主要包括：电源、电路开关、清零键、蜂鸣器、吊瓶挂钩以及显示屏（见图27.1）。这些部件连接起来并不复杂，原理也很简单，通过吊瓶挂钩部分的称重模块计算出点滴液单位时间内减少的重量，计算出输液完成的大概时间，并在输液快完成之前通过蜂鸣提醒病人，使病人对输液时间有更好的把握。电路原理示意图如图27.2所示。

27.3 产品原型

将电子部分添上外壳后进行测试（见图27.3），整个作品反应迅速，计算精准，效果符合预期。

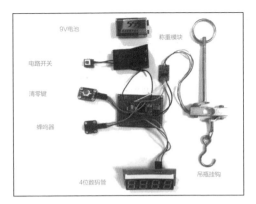

■ 图 27.1 电子部分的构成

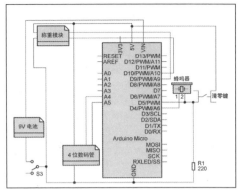

■ 图 27.2 电路原理示意图

■ 图 27.3 产品原型

27.4 理想效果

CLOUD点滴计时器将来作为产品量产的理想效果如图27.4所示，表面只有两个按键——电源键和清零键，使用时有红色的时间显示，不用时屏幕上没有任何显示。整体造型是一朵云，这是我们从十几个造型方案中选出来的，能和谐地融入医院环境。我们自己设计的产品海报如图27.5所示。

■ 图 27.4 理想效果

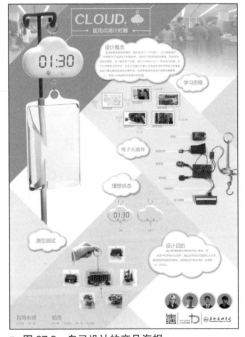

■ 图 27.5 自己设计的产品海报

27.5 代码

```
#include "TM1650.h"
#include <inttypes.h>
boolean state = true;
const int buttonPin = 4;
const int buzzerPin = 5;
#define ALL_ON 0xFF
#define ALL_OFF 0x00
static uint8_t TubeTab[] =0x3F,0x06,0x5B,0x4F,
0x66,0x6D,0x7D,0x07,0x7F,0x6F,0x77,0x7C,0x39,
0x5E,0x79,0x71,};//0~9,A,B,C,D,E,F
uint8_t number[4];// store the numbers to be displayed on four
7-Segment LEDs
TM1650 DigitalLED(A4, A5);//(SDA,SCL)
int bitAddr;//which one LED
int digit;//the digit to be displayed
#include <HX711.h>
HX711 hx(9, 10, 128, 0.0023365);
float weight[10];
int weightIndex = 0;
long timeLeft = 0;
long lastTimeLeft = 0;
void setup()
{
  pinMode(buttonPin, INPUT);
  pinMode(buzzerPin, OUTPUT);
  // put your setup code here, to run once:
  Serial.begin(9600);
  hx.set_offset(195800);
  DigitalLED.begin();
  //DigitalLED.setPoint(1,1);
  float sum = 0;
  for (int i = 0; i < 10; i++)
  {
    sum += hx.bias_read();
    delay(5);
  }
  lastTimeLeft = sum/0.417;
  displayTime(lastTimeLeft);
}
void loop()
{
  if(digitalRead(buttonPin) == HIGH)
  {
    delay(100);
    hx.tare();
    if(state == true)
      state = false;
```

```
      else
        state = true;
      Serial.println("button state change");
    }
    double sum = 0;
    for (int i = 0; i < 10; i++)
    {
      sum += hx.bias_read();
      delay(5);
    }
    timeLeft = sum/0.417;
    if(timeLeft < lastTimeLeft)
    {
      //Serial.println(sum/0.417);
      lastTimeLeft = timeLeft;
      //displayWeight(timeLeft);
      if(state == true)
      {
        displayTime(timeLeft);
      Serial.println("Now is print timeLeft");
        if (timeLeft < 300)
        {
          delay(50);
          digitalWrite(buzzerPin, 1);
          }
          else
          digitalWrite(buzzerPin, 0);
      }
      else
      {
        displayWeight(sum/10);
        Serial.println("Now is print weightLeft");
      }
    }
}
void displayWeight(int Getnumber)
{
  int Thousand;//the thousand of number
  int Hundred; //the Hundred of number
  int Ten;//the Ten of number
  int Bit; //the Bit of number
  Thousand = Getnumber / 1000;//get the MSB
  Hundred = Getnumber % 1000 / 100; //get the hundred
  Ten=Getnumber%1000%100/10;//get the ten
  Bit=Getnumber%1000%100%10/1;//get the bit
  //DigitalLED.setPoint(1, 1);
  //delay(10);
  DigitalLED.display(0, TubeTab[Thousand]);
  DigitalLED.display(1, TubeTab[Hundred]);
```

```
    DigitalLED.display(2, TubeTab[Ten]);
    DigitalLED.display(3, TubeTab[Bit]);
}
void displayTime(int Time)
{
    int Hour_ten, Hour_bit, Minutes_ten, Minutes_bit;
    DigitalLED.setPoint(1,1);
    Hour_ten = Time / 3600 / 10;
    Hour_bit = Time / 3600 % 10 / 1;
    Minutes_ten = Time % 3600 / 60 / 10;
    Minutes_bit = Time % 3600 / 60 % 10 / 1;
    //diaplay hour and minutes
    DigitalLED.display(0, TubeTab[Hour_ten]);
    DigitalLED.display(1, TubeTab[Hour_bit]);
    DigitalLED.display(2, TubeTab[Minutes_ten]);
    DigitalLED.display(3, TubeTab[Minutes_bit]);
    DigitalLED.setPoint(1,1);
}
```

28

通过 GSM 控制的 LED 点阵屏

◇黄焕林　丁昊

LED点阵屏因亮度高，受外界光条件影响小以及成本相对较低等原因，得到广泛应用，比如街边广告牌、办公场所信息展示屏等。目前市场上的LED点阵屏的显示控制多采用两种方法，一是通过U盘的插拔进行显示信息与数据的更新，二是使用上位机（PC）联网控制。前者信息的实时性较差，后者虽然可以保证实时性，但是成本较高，而且不适合便携式的应用。

对于控制性上的不足，可以使用通过无线网络控制的方式弥补。有两种方案是比较靠谱和实用的：

（1）点阵屏集成GSM模块，接入移动运营商网络，实现远程设备控制；

（2）点阵屏集成无线网卡，接入Wi-Fi网络，实现局域网设备对其控制或远程设备对其控制。

两种解决方法中，前者采用的网络覆盖范围广，并且功耗、成本等较低，更适合户外、便携等应用方向。我采用Arduino+GSM来实现了第一种方案。

28.1　材料准备

制作所需的材料如图28.1所示。

■　图 28.1　制作所需模块

1 接入 GSM 网络当然需要有 GSM 模块以及可接入和使用运营商服务的 SIM 卡了，我采用的 GSM 模块是 SIM900A。

2 为了方便调试和级联扩展，我没有亲自设计和手焊（否则就得折腾好长时间）点阵屏，选用了一款可级联的 16×16 点阵模块。

3 由于设备脱离上位机，需要有字模数据供显示中文字体，所以我使用 SD 卡模块读取 SD 卡内字库数据（我制作的宋体 16 点阵字库约 2MB）。

4 该设计对 Arduino 的 AVR 单片机没有特殊要求，所以我选用了小巧且易测试的 Arduino Nano。

整体系统如图28.2所示。

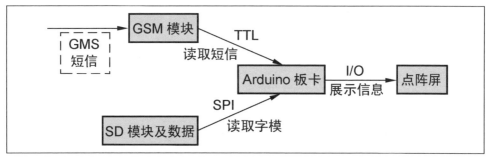

■ 图 28.2 系统框图

28.2 采集控制数据

SIM900A 模块是使用串行端口AT指令控制的，这一点和串行蓝牙类似。它与Arduino的连接方式如下：

TXD接SIM900A模块TXD_MCU；

RXD接SIM900A模块RXD_MCU；

5V接SIM900A模块V5-16V输入口；

GND接SIM900A模块GND。

即Arduino Nano串口接至SIM900A模块，与其通信，Nano使用串口发出的数据会被SIM900A 模块响应。此时，如果使用IDE的串口调试器，能监视Nano发出的数据，但不能监视到SIM900A 模块响应的数据，如需调试模块，可以使用PC串口或USB TTL下载器等方式连接SIM900A 模块

后进行调试。（注意：为Arduino下载程序时勿连接SIM900A 模块，否则会出现下载错误。）

程序需要在SIM900A 模块正常入网后才运行，所以需要发送如下AT命令进行模块状态检测。

ATE0（回车）：检测模块是否已开机工作，是，则会收到响应"OK"。

AT+CREG?（回车）：检测SIM卡是否已注册，是，则会收到响应"OK"。

当符合正常运作环境要求时，正式进入程序。当然，为了方便检测到新短信，在初始化模块时还会使用以下命令设置短信的自动提醒及格式：

AT+CNMI=2,1（回车）。

如图28.3所示，设置之后SIM卡收到新

短信会有短信位置提示，该响应会发送至Arduino的串口缓冲区，Arduino定时读取缓冲区，即可发现是否有新"指令"。当发现新短信时，发送读取指令可以读取到短信内容，如果能通过校验（如：来自指定号码的短信为控制数据这个规则），即采集新控制数据完成。

■ 图 28.3　向 SIM 卡发送中文短信后的提示

28.3　控制点阵屏

我所使用的LED点阵屏是可以无限级联的16×16点阵屏。它与Arduino的连接方式如图28.4所示。

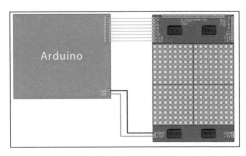

■ 图 28.4　LED 点阵屏与 Arduino 的连接方式

28.4　字模字库数据

该设计的目的是在点阵中显示字符，在此每个字符的点阵数据称为字模，字模集合为字库。那么每个文字需要多少数据来记录呢？

在该屏上，最适合的就是16像素×16像素字符了。字符数据中每个LED的状态用1bit记录，1行则为2字节，16行共需32字节。

为方便取模和使用，常用32个16进制字节记录字模。字模在程序中，一般写成数组形式，如图28.5所示。

图28.5示例中为"小"字的字模。当然，Arduino的Flash空间是有限的，以这种方式编写字库远不够收录Unicode（GSM模块输出短信的编码）字库。所以，笔者用批处理导出的方法制作了16像素×16像素宋体字库（约2MB），将字库存放于存储空间足够大的SD卡中，使用Arduino的SD类库即可读取。

GSM模块响应短信数据后，将短信数据划分成字节，按字节计算出每个字符的字模所处字库文件中的存储位置，并读取到SRAM中，即完成字模数据准备。

28.5　小结

从整体看，该方案的实现中，Arduino的"工作"为接收新消息，读取转换出消息

```
37    const unsigned char Word[Num_Of_Word][32] =
38    {
39    0xFE,0xFE,0xFE,0xFE,0xF6,0xF2,0xE6,0xEE,0xDE,0xBE,0x7E,0xFE,0xFE,0xFE,0xFA,0xFD,
40    0xFF,0xFF,0xFF,0xFF,0xBF,0xDF,0xEF,0xE7,0xF3,0xF9,0xFB,0xFF,0xFF,0xFF,0xFF,0xFF,/*"小"*/
41    };
```

■ 图 28.5　字模的数组形式

"发布"于点阵屏所需的字模数据,最后将字模数据在点阵屏上"滚动"。制作原型效果如图28.6所示。以此实现了便捷的移动终端远程控制。

该方案还可以调整优化后应用于更多的开发,如一个监测环境、实时展示且具有广播公告功能的屏幕,一个消息实时性较强的"公告栏"……为什么不从此展开畅想并且动手制作呢?

■ 图28.6 制作原型效果

TIPS:16×16点阵屏显示原理

(1)行选择由2个74HC138组合成的4-16译码器来选择。

(2)列输出由2个74HC595级联而成,通过SPI信号把串行数据转换为并行数据。

当某列输出信号为高电平时候,该列LED阴极为高电平,所以选通行与该列交叉点的LED不亮。相反,列输出信号为低电平时候,该列的LED阴极为低,所以选通行与该列交叉点的LED点亮。

(3)选通一行后,74HC595输出该行数据。

总共16行,依次循环,动态扫描,使16×16的点阵屏显示出需要的文字或者图形。通过列位移,可以产生文字移动效果。

 温控风扇和
光感应晾衣架

◇宜昌城老张

现在国内网络上流传的Arduino创意作品大多是纯电子器件的，其实Arduino应用在机器人上是一个重要方向，如何给Arduino电子积木创意工具找到一个百搭性的机械平台，使Arduino的机器人应用可行性更好，是一个需要思考的问题。

网上某些公司和机械加工高手做了一些机械结构件配合Arduino的应用，也可以做出很好的机器人作品，特别是多自由度机器人。但是这些机械结构件百搭性不够，每一个套件也只能完成一两个作品的创建。乐高（LEGO）积木中与机器人相关的是Mindstorms系列和Technic系列，这两个系列中的机械结构件都充分考虑到了机器人原型作品的搭建特点，而且乐高的结构件种

类颇多，不需要借助任何特殊的工具，就可以通过双手创意出你希望的作品来。所以我们能不能把丰富的Arduino电子积木与百搭的乐高积木结合起来，扩展Arduino的应用，使Arduino系统可玩性更高呢？这篇文章就想做一下这方面的探索。

29.1 Arduino 控制器与乐高电池盒的结合

首先谈谈Arduino控制器与乐高Technic电池盒结合的问题，通过乐高电池盒给Arduino控制板供电，集成出如图29.1所示的一个体积最小化的Arduino控制系统。

这次创意作品采用的是DFRobot出品的Arduino UNO控制板、XBee传感器扩展板V5和360°连续旋转舵机。由于舵机

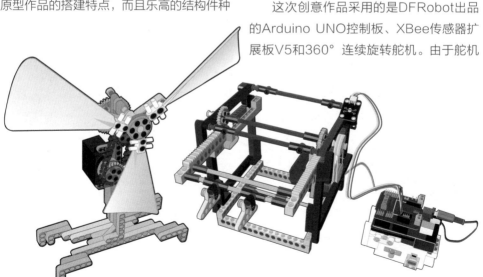

驱动需要较大电流，所以单独给Arduino供电并驱动舵机，会使Arduino控制板上的电源芯片发热甚至烧毁。最好采用两套电源：一套电源用9V方形电池，通过电源线上的插头插到Arduino控制板的圆形插孔中，给Arduino控制板供电；另一套电源用乐高Technic电池盒单独给Arduino控制板上层叠的传感器扩展板上的舵机电源端子供电，来驱动舵机，XBee传感器扩展板可以自动隔离两套电源。记住舵机供电电压不能超过7.2V，在乐高Technic电池盒里，我装上了6节5号充电电池，每节充电电池的最大电压是1.2V，6节电池的电压正好小于7.2V。

乐高Technic电池盒的电源线由4根线组成，最边上的两根线是电源的VCC线和GND线，参见图29.2。至于哪根线是VCC线，哪根是GND线，用万用表量一下，就可判断出来了。然后我用红、绿电工胶布分别标识了电源线的正、负极，并把没用的另两根线绝缘了。

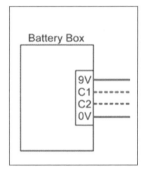

■ 图 29.2　乐高 Technic 电池盒电源线的组成

观察Arduino控制板上安装孔的位置和距离，找到匹配的乐高结构件，把它们的孔位对准，用螺丝、螺母紧固，于是Arduino控制板与乐高结构件也结合起来了，如图29.3所示。

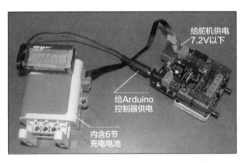

■ 图 29.1　乐高电池盒供电下的 Arduino 控制器

■ 图 29.3　Arduino 控制板与乐高结构件的结合

29.2 舵机与乐高结构件的结合

乐高的皮带轮零件与舵机圆盘连接器的孔正好可以对上，我用了两个自攻螺丝把它们连接起来，然后通过皮带轮零件的十字孔和周围的圆孔来连接其他乐高零件，于是皮带轮零件就成了舵机的输出轴，如图29.4所示。这个输出轴可以带动任何乐高结构件（负载）转动，例如乐高风扇和皮带运输机等。

■ 图 29.4 舵机与乐高结构件的结合

舵机有很多规格，但所有的舵机外接的3根控制线，分别用棕、红、橙3种颜色进行区分，棕色为接地线，红色为电源正极线，橙色为信号线（由于舵机品牌不同，颜色可能会有所差异）。把舵机的控制线插接在XBee传感器扩展板的数字端口上，插接方向要根据扩展板的标注来确定。把棕色线插在GND端子上，把红色线插在VCC端子上把橙色线插在D端子上。

29.3 温控风扇作品制作

这次的温控风扇就是Arduino与乐高结合的尝试，电控完全靠Arduino，机械完全靠乐高，两者通过360°连续旋转舵机来接口，如图29.5所示。

■ 图 29.5 温控风扇全景图

实验任务是：用手指温度捂热LM35线性温度传感器，当Arduino控制器采集到的温度值超过32℃时，给舵机发出驱动命令，舵机带动风扇旋转，如果手指移开传感器，过一会儿，传感器表面温度下降，则风扇停转。

LM35线性温度传感器是基于半导体的温度传感器。LM35线性温度传感器可以用来检测周围空气的温度。这个传感器是由美国国家半导体公司生产，检测温度范围为0~100℃，输出电压与温度成正比，灵敏度为10mV/℃。它是典型的模拟量传感器，可以直接用analogRead()命令把温度数据采集到Arduino控制器里进行处理。

而360°连续旋转舵机则采用servo.write（speed）命令来驱动，speed值的范围是0~180。如果speed值为93，则舵机停转；如果speed值为0，则舵机全速正转；如果speed值为180，则舵机全速反转。连续旋转的舵机，执行myservo.write(90)，舵机的速度可能不为0。我手头的舵机，执行myservo.write（93），舵机的速度才为0。

由于普通舵机的输出轴与机械结构件孔位之间的距离不是乐高孔距的整数倍，舵机输出轴与机械结构件之间无法直接用乐高齿轮来传动，所以我采用了如图29.6所示的链轮机构，不仅可以解决传动链安装问题，而且由于两个链轮之间被链条包裹起来了，传动刚度也得到了加强。

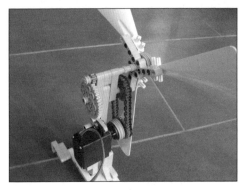

■ 图 29.6　温控风扇传动链的安装细节

29.4　光感应晾衣架作品制作

光感应晾衣架这个作品所完成的任务

是：当光敏电阻检测到有阳光照射时，衣架在舵机的带动下伸出；如果你用手遮住光敏电阻，模仿天色变暗，衣架便会收起，具体构成如图29.7所示。

■ 图 29.7　光感应晾衣架全景图

光敏电阻可以用来检测周围光线的强度，它的阻值随光线的明暗变化而变化，转换出来的输出电压也随之变化，黑暗中将输出一个较高的值。

光感应晾衣架作品用到的电控设备有4个，分别为：Arduino UNO单片微机控制板、XBee传感器扩展板、360°连续旋转舵机和光敏电阻，如图29.8所示。

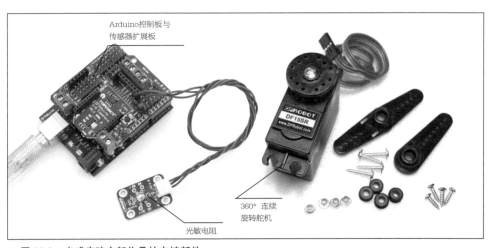

■ 图 29.8　光感应晾衣架作品的电控部件

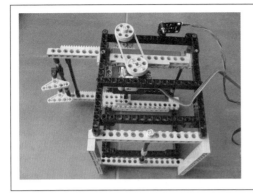

■ 图29.9　光感应晾衣架的主体部分搭建

光感应晾衣架主体部分的搭建，参见图29.9。从机械结构上看，360°舵机带动皮带轮机构，使齿轮齿条机构工作，齿轮在固定的轴上旋转，驱使齿轮的齿与齿条的齿啮合，导致齿条在导轨上前后滑动，于是衣架也随之伸出或收起。

一个机电一体化作品，不仅需要电控设备的选择和软件程序的编制，而且还需要机械结构的设计和制作，三者缺一不可。一个较为复杂的机械机构的设计，虽然体现不出什么高深的理论，但需要许多经验和大量的实践，并不是一件容易的事。

我经常使用ArduBlock软件进行编程，感觉很好用，直观形象，编程工作仿佛变成了拼图游戏，一个个模块按照你的逻辑不断"咔咔"地拼接在一起，如果拼接能严丝合缝，就不用担心出现语法错误；但是否出现编程逻辑错误，就看你是否经过了适当的编程训练了。

现在我用中文版ArduBlock软件，根据任务要求，编写了图形化的程序，如图29.10所示，注意看，模块标识和程序注释都是简体中文的。这里也给出光感应晾衣架

的Arduino程序，可以与ArduBlock程序对照来看。

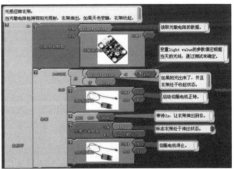
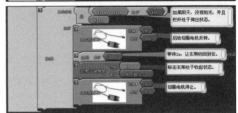

■ 图29.10　光感晾衣架作品的 ArduBlock 程序

29.5　结束语

MIT（美国麻省理工学院）的Neil Gershenfeld教授提出了"个人制造"的概念：计算机主机从占地百十亩、重量几十吨到

温控风扇 Arduino 程序

```
#include <Servo.h> // 声明伺服舵机函数库
Servo myservo;// 定义伺服舵机对象
// 初始化
void setup()
{
  myservo.attach(9);// 初始化 9 号数字量端口来控制舵机
  myservo.write(93);// 舵机停转
}
// 主程序
void loop()
{
  int val;
  int dat;
  val=analogRead(0);// 采集连接在 0 号模拟量端口上温度传感器的数据
  dat=0.488*val;// 把从传感器采集的数据正比转换为温度值
  //Serial.println(dat);
  if(dat>32)// 如果温度值大于 32℃
  {
    myservo.write(180);// 舵机全速旋转
  }
  else// 否则
  {
    myservo.write(93);// 舵机停转
  }
  delay(500);// 延时 0.5s
}
```

光感应晾衣架 Arduino 程序

```
#include  <Servo.h> // 声明伺服舵机函数库
Servo myservo;  // 定义伺服舵机对象
int sensorPin =0;// 声明光敏电阻传感器连在模拟量端口 0
int flag=0; // 声明变量，存储衣架伸出或者收起的标志
int light_val;// 声明变量，存储光敏电阻模拟量数据
// 初始化
void setup()
{
  myservo.attach(9);  // 初始化 9 号数字端口来控制舵机
}
  // 循环执行主程序中的指令
void loop()
{
  // 光敏电阻，天色光线越弱，采集得到的光敏电阻数据越大
  light_val=analogRead(sensorPin);  // 读取光敏电阻的数据
  // 如果阳光出来了，并且衣架处于收起状态
  if (light_val<=100 && flag==0)
  // 变量 light_val 的参数值应根据当天的光线，通过测试来确定
  {
```

```
    myservo.write(0); // 启动舵机正转
    delay(2000); // 等待 2s, 让衣架伸出到位
    flag=1; // 标志衣架处于伸出状态
    myservo.write(93);  // 舵机停止
}
// 如果阴天，没有阳光，并且栏杆处于伸出状态
if(light_val>100 && flag==1)
{
    myservo.write(180);// 启动舵机反转
    delay(2000);// 等待 2s, 让衣架收回到位
    flag=0; // 标志衣架处于收起状态
    myservo.write(93);// 舵机停止
  }
}
```

小得一个桌上能摆好几个，这个桌面革命用时不到几十年，在不久的未来，自己用计算机芯片做小玩意将是下一个桌面革命。

他判断那些造价昂贵且具有巨型计算机主机的专业工具，也会像当年几十吨的主机渐进到当今几千克的个人计算机一样，变得能够让普通人轻易接触，从而让人人都能拥有和操作工具，制造属于自己的计算机，或者任何东西，甚至自己在家里造一台iPhone。

现在Arduino和乐高套件都是"个人制造"的好工具，这类工具有计算机控制器、电机、传感器，还有工程机械构件，用它们可以制作出你设计的个性化"计算机"。

由个人制造的计算机设备，跟商用PC的最大不同在于，它可以是任何你所希望的形状，有着为你量身定做的功能。也就是说，它不再是全功能的设备，只为处理某件对于我们特别重要的事项而诞生，甚至它不再被叫作计算机，而是温控风扇或者光感应晾衣架。

30 自制游戏操纵杆

◇谢林宏

每次玩《鹰击长空》（见图30.1）时，都觉得通过键盘操纵的体验不是很真实，如果有一套操纵杆，就会使人感觉更像是在驾驶战机。为了体验制作的乐趣，我就用一个Arduino Leonardo和两个Joystick摇杆，外加几个按键和其他零零碎碎的小东西DIY了一个《鹰击长空》游戏操纵杆，效果还不错。制作所用的零件见表30.1。

制作的原理是：用右边的摇杆模拟鼠标，左边的摇杆以及各个按键模拟键盘。为了实现模拟鼠标、键盘的功能，必须选用

■ 图 30.1 《鹰击长空》游戏画面

Arduino中的Leonardo版本。

图30.2所示这个家伙就是操纵杆，由于

表 30.1 制作所用的零件

序号	名称	图片	备注
1	Arduino Leonardo		
2	Joystick 摇杆 ×2		用来测量操纵杆的倾斜，摇杆帽是不需要的，将其拔下了就好。两个摇杆的电压信号将会输入Arduino 的模拟口 A1~A4
3	DS−316 按通开关 ×8		作为各个按钮
4	限位开关 ×2		用来制作扳机
5	废弃的手电		作为油门杆的把手
6	廉价塑料玩具枪		用来制作驾驶杆，黄线以外的部分全部扔到垃圾桶

作者搬宿舍导致左边的油门杆折断，只能从以前的视频里截图得到原貌了。

■ 图 30.2　操纵杆全貌

　　本制作模仿美式操纵杆，即左侧为油门杆，右侧为驾驶杆的侧杆布局。油门杆控制战机的油门，前推为加油；同时还代替脚蹬控制偏航，即油门杆左倾则令战机向左偏航，取消了脚蹬。驾驶杆控制飞机的俯仰和滚转。

30.1　制作过程

❶　拆除手电里面的东西，在底部钻孔，安装两个按钮，以便在使用时让左手拇指负责切换武器（导弹／炸弹种类），按钮的引脚焊接一些导线引出，每个按钮会引出 2 根线。小提示：导线要足够长。做到这里，你还需要从你的房间或者厨房里随便找一根棍子连接这个把手和 Joystick 摇杆。连接把手和摇杆有点麻烦，需要一点点耐心和智慧，反正笔者是直接用 502 胶水和热熔胶粘合的。这样油门杆就算制作完成了。

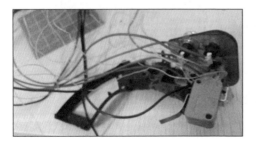

❷　掰弯限位开关的金属柄，如图所示安装到手枪扳机的位置。找一块小木板，钻孔后安装 5 个按钮，再把小木板黏合到枪柄上。注意枪柄左侧还开孔安装了最后一个按钮。所有的线从枪柄底部引出，枪柄底部又得靠读者们的聪明才智连接到另一个 Joystick 摇杆上。

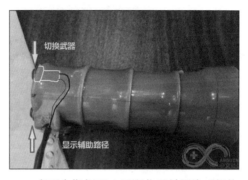

❸　右手食指扣下 1 号限位开关即为"机炮射击"，顶 2 号限位开关为"发射红外诱饵弹"。右手拇指则可以按下各种功能键：3 号键为"开启／关闭失速保护"，4 号键为"僚机进攻"，5 号键为"地图"，6 号键为"导弹发射"，7 号键为"切换视角"，8 号键为"僚机防御"。当然，这些按键功能都是可修改的，只需在程序中修改这些按键所代替的键盘按键就行。

❹　如果没有上拉电阻，这些按钮将不会起任何作用。还记得每一个按钮都引出了两条导线吧？现在，每个按钮的其中一根导线都要接地，另一根导线则接上拉电阻和 Arduino 的

I/O 口。笔者把这些上拉电阻都焊接在一块洞洞板上，再焊一排排针，以便像扩展板一样直接叠在 Arduino 上。所有开关 / 按钮和摇杆的电源均来自 Arduino，而 Arduino 可以外接电源，也可以直接由计算机 USB 口供电。

❺ 最后只需要找一块木板，用热熔胶将制作好的油门杆、驾驶杆、Arduino 和上拉电阻都固定住。往 Arduino 里面烧入程序就可以了。

30.2 使用方法

在正式开始使用这个作品之前，应该先定义各个按钮和开关的功能。将Arduino用编程线和计算机连接后，新建一个记事本文件，按下任意一个按钮，记事本就会被写入一个字符，或者呈现鼠标左键/右键单击的效果。通过修改代码最前面的定义部分来逐个修改按键的定义。

比如按下驾驶杆的6号按键，记事本显示输入"F"，则表明6号按键接到了 Arduino的7号数字I/O口，这时把程序中的"int rightButton = 6"改为"int rightButton = 7"就可以使驾驶杆的6号按键变为鼠标右键。另外，油门杆的摇杆虽然输入的是模拟量，但在程序内将会被当作4个按键，摆动油门杆到一定幅度，就会在记事本上显示字符。

需要注意的是，笔者修改了《鹰击长空》游戏中的按键功能，而且程序是修改了游戏按键功能之后写的，读者需要根据游戏中默认的按键功能修改程序，改变I/O口对应的键盘字母；或者反过来，根据程序中的对应关系来修改游戏中的按键功能。《鹰击长空》的默认按键功能如图30.3所示。

希望这个作品能让大家开飞机开得更开心。

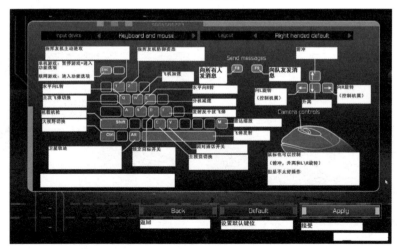

■ 图 30.3 《鹰击长空》的默认按键功能

31 重力感应遥控器

◇黄亚丹

我翻出一块ADXL345三轴加速度模块，感觉用它来做动作控制很不错，于是又找了两块nRF24L01无线模块来制作重力感应遥控器。我想把遥控器做成通用的，可以不用更改遥控器程序就能适用于各种需要动作控制的场合，比如小车的遥控、机械臂的遥控。需要准备的材料见表31.1。

表 31.1 材料准备

序号	名称	数量
1	ADXL345 三轴加速度模块	1
2	nRF24L01 无线模块	2
3	任意型号的 Arduino 控制板	1
4	ATmega328p 单片机	1
5	16MHz 晶体振荡器	1
6	510Ω 电阻	1
7	3mm 红色 LED	1
8	洞洞板	1
9	面包板	1
10	带开关的 3 节 7 号电池盒	1
11	适合放下面包板的外壳	1
12	7 号电池	若干
13	2.54mm 排座及排针	若干
14	U 形面包板连接线	若干
15	测试用的小车（包括相应的 Arduino 控制板）	1
16	测试用的机械臂（包括相应的 Arduino 控制板）	1

31.1 制作步骤

31.1.1 遥控器的制作

① 由于 nRF24L01 模块的引脚不适合在面包板上使用，因此需要采用洞洞板、排针及排座焊接一个转换座。

② 按照电路连接示意图（见图 31.1）搭建电路，先在 Arduino 控制板上测试，以方便下载程序及串口调试。

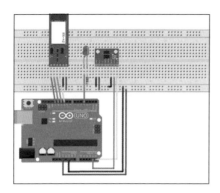

■ 图 31.1 电路连接示意图

3 程序测试通过后，用 U 形线制作最终的面包板版本。

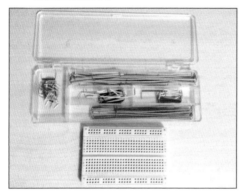

4 接好线后准备元器件，把 ATmega328p 单片机插到 Arduino 板上下载好程序再取下，直接安装到面包板上，这样作品比较小巧，也显得更像是一个整体。

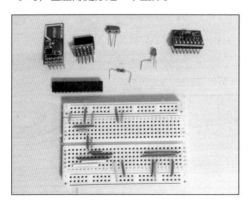

5 三下五除二，接好了。

6 要有个外壳才显得专业，没想到树莓派的外壳非常合适，简直像量身定做的一样。

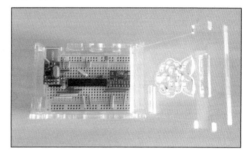

7 用电池盒供电，把盖子粘在一侧。盒体能方便地取下，装上电池。

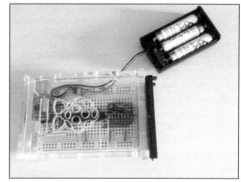

⑧ 装好电池盒的效果。

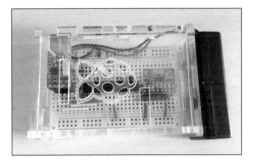

31.1.2 小车的准备

① 在小车的Arduino主控板上接上nRF24L01无线模块。

② 给小车装上电池。

31.1.3 机械臂的准备

在机械臂的Arduino主控板上接上nRF24L01无线模块。

31.2 程序编写

遥控器的程序主要就是获取ADXL345的数据，通过nRF24L01发送出去。发送的数据为原始的三轴加速度数据，以方便接收的部分根据自己的需要进行处理，从而使得对于不同的遥控对象，遥控器也不需要调整，达到通用的目的（见图31.2）。

小车及机械臂的程序则是获取nRF24L01传来的三轴加速度数据，通过计算得知遥控器的姿态，从而控制自己动作（见图31.3、图31.4）。

对于nRF24L01的操作，请参考Arduino官网的介绍。

对于ADLX345的操作，我自己傻傻地写了一个类来处理（见图31.5），后来发现Adafruit也提供了一个库来操作，有兴趣的朋友可以自行搜索。

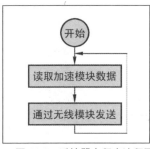

■ 图 31.2 遥控器主程序流程图

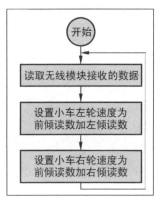

■ 图 31.3 小车主程序流程图

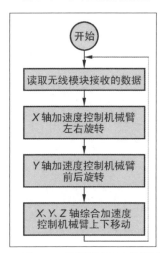

■ 图 31.4 机械臂主程序流程图

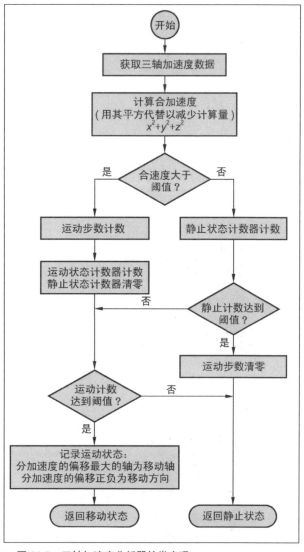

■ 图 31.5 三轴加速度分析器的类实现

程序比较长，下面只简单列出各个主程序及较主要的类的实现。

遥控器主程序代码片段：

```
void loop()
{
 if (Mirf.isSending())
 return;
 data.data = adxl.getAcceleration();
 Mirf.send(data.buf);
 delay(100);
}
```

小车主程序代码片段：

```
void loop()
{
 if (Mirf.isSending() || !Mirf.dataReady())
 {
 return;
 }
 Mirf.getData(data.buf);
 // 方向
 //
 // ^ y
 // |
 // +--> x
 car.setSpeedLeft(data.data.y + data.data.x);
 car.setSpeedRight(data.data.y - data.data.x);
```

机械臂主程序代码片段：

```
void loop()
{
 int axisDir, steps;
 // 如果没有接收到数据，则闪烁指示灯
 if (Mirf.isSending() || !Mirf.dataReady())
  {
    digitalWrite(pinLEDStatus, LOW);
    delay(2);
    digitalWrite(pinLEDStatus, HIGH);
    return;
  }
 Mirf.getData(data.buf);
 // 方向
 //
 // z ^ y
 // \ |
 //   +--> x
 //x 控制底部舵机
 //y 控制顶部舵机
 //x、y、z 的合加速度一起控制顶部和中部电机达到平稳上下移动的目的
 smoothX.addData(data.data.x);
 smoothY.addData(data.data.y);
 if (analyzer.analyze(data.data.x, data.data.y, data.data.z, axisDir,
steps))
  {
```

```
    if (axisDir > 0)
    {
      arm.moveUp();
    }
    else if (axisDir < 0)
    {
      arm.moveDown();
    }
  }
  arm.setBaseServoAngle(map(smoothX.getAverage(), -80, 80, 0, 180));
  arm.setTopServoAngleWithBalance(map(-smoothY.getAverage(), -80, 80, 0, 180));
}
```

三轴加速度分析器的类代码片段:

```
// 分析数据
// 传入 x、y、z 的重力分量进行分析
// 由引用参数来返回哪个轴的哪个方向（1、2、3 表示 x、y、z 轴，正负表示方向）
// 由引用参数返回当前已经移动的步数（有可能一开始检测到时，已经移动了若干步了，这与阈
值设置有关系）
// 返回 true 表示有移动，返回 false 表示没有移动
bool GravityAnalyzer::analyze(int x, int y, int z, int &axisDir, int &steps)
{
 ong sumSquare, deltaSumSquare;
 int  deltaXYZ[3];
 bool positive;
 sumSquare   = (long) x * x +(long) y * y + (long) z * z;
 deltaSumSquare = abs(sumSquare - avgSumSquare);
 positive = sumSquare > avgSumSquare ? true : false;
 // 如果与静止状态的差额达到阈值，则认为在移动，否则认为是静止状态
 // 移动后期，在准备停下来时，加速度正在改变方向，这时候的差额有可能小于阈值，接着差额又
 会向反方向增大
 // 所以在判断为是静止状态时有一个计数作为过渡，未超过这个计数时，仍然是在运动过程
 if(deltaSumSquare > thresholdValue)
 {
  ++deltaCountOk;
  deltaCountNg = 0;
  }
  else
  {
    ++deltaCountNg;
    if (deltaCountNg > MAX_COUNT)
    deltaCountNg = MAX_COUNT;
    if (deltaCountNg >= timesToClear)
    {
      // 当小于阈值的计数大于一定数值时，认为回复到静止状态
      deltaCountOk  = 0;
      axisDirection = 0;
      return false;
  }
 }
 if (positive)
 {
   ++positiveTimes;
```

```
    negtiveTimes = 0;
}
else
{
    ++negtiveTimes;
    positiveTimes = 0;
}
// 达到阈值的计数若还未超过阈值计数，有可能是一些噪声，所以要累积到一定值后才确认为有效
if (deltaCountOk < thresholdTimes)
{
    return false;
}
// 在第一次检测到移动时判断是哪个轴向的移动并记录之
// 由于以后的同一移动有可能会发生变化（比如在移动减速到反向加速度时，其他轴的加速度可
能会大于实际移动轴方向的加速度）
// 所以只在第一次检测到有效移动时记录，后面不再判断和记录
// 注：做测试数据放到 Excel 中生成折线图可以直观地分析不同的移动方向的数据特征，有
助于理清思路
if (axisDirection == 0)
{
    deltaXYZ[0] = x - avgX;
    deltaXYZ[1] = y - avgY;
    deltaXYZ[2] = z - avgZ;
    axisDirection= maxIndex
    (abs(deltaXYZ[0]), abs(deltaXYZ[1]),
    abs(deltaXYZ[2]));
    // 根据轴来检测方向
    if (deltaXYZ[axisDirection - 1] < 0)
    axisDirection = -axisDirection;
}
axisDir = axisDirection;
// 处理移动步数
// 从 Excel 的折线图来看，只有 z 轴的负向变化会造成平方和下降
// （因为 z 轴有重力在，从而向下移动造成合加速度减少；其他轴负向的变化取平方后还是正值，合加速
度增大）
// x、y 轴的移动均造成平方和正向增长
// 所以只有下移会用到负的步数，其他均是正的步数
// 当 steps 为 0 时，说明该方向的移动已经停止
if (axisDirection == -3)
steps = negtiveTimes;
else
steps = positiveTimes;
return true;
}
```

32 超炫的上推式磁悬浮装置

◇薛加民

使用模拟电路（如果电路中的电信号用一串二进制数字来代表，那么它就是数字电路；而如果电路中电信号是一个连续变化的值，那么它就是模拟电路。如今的电子产品绝大部分都是数字电路）来做PID控制是一件不容易的事情，需要对各种电子元件的脾气秉性了如指掌。相反，如果使用数字电路，则事情大大简化了，我们可以通过给单片机编程来实现PID控制。下面我们就用Arduino制作一个看起来超炫的上推式磁悬浮装置。

图32.1展示了这个装置完成以后的样子。当时我决定开始尝试这个制作，也是受了动力老男孩制作的"盗梦陀螺"的影响。《无线电》杂志2011年2月号还专门刊登了一篇由动力老男孩写的制作文章，从文章中读者可以找到详细的步骤，以及其他爱好者尝试制作时遇到的困难与解决方法。下面我就概括性地介绍这个制作的主要组成部分。

32.1 制作过程

整个制作的想法是不难理解的：一块小磁铁无法悬浮在另一块磁铁之上，因为空中的小磁铁在水平方向上是不稳定的。但是如果我们能够在小磁铁试图向旁边开溜的时候，给它一个推力把它拉回到平衡位置，那么小磁铁就有望稳定悬浮了。这里我们需要同时留意小磁铁在水平的X和Y两个方向上

的运动，所以需要两路传感器，两组电磁铁（这就是在图32.1第一幅图中间位置看到的4个墨绿色柱状物）。

■ 图 32.1 上推式磁悬浮实物图

制作开始于构建底座磁铁，如图32.2所示，我用10个圆饼形的稀土磁铁用透明胶粘成一个圈，它们都是南极朝上（也可以都是北极朝上，即只要求它们的相同极指向同一个方向），您也可以直接买一个环形磁铁。把这个底座磁铁做好以后，您可以用手把另外一块稀土磁铁放在圆环中间，它也是南极朝上（即它和底座磁铁的磁极指向同一

个方向），就能感觉到底座对它的排斥力了。要注意，底座必须是环形磁铁或如图32.2所示的类似环形磁铁的结构。这样悬浮在空中的磁铁就不会感受到让它翻转的力矩（你亲自用手尝试一下就明白了）。如果底座是一整块磁铁的话，空中的磁铁除了会向两边溜走，还有翻身的危险，这样我们的控制电路就要变得更加复杂了。

■ 图32.2 底座磁铁粘贴在一块木板上

底座做好以后，就是绕制4个电磁铁，每个电磁铁我用了12m长、直径0.4mm的漆包线绕制，绕好以后电阻为1.5Ω。电磁铁的高度要比磁铁悬浮高度低0.5cm左右（磁铁悬浮高度可以用手把小磁铁放在底座之上进行粗略的估计）。大家可以从网上买到塑料的电磁铁骨架（不能是铁制的），或者如图32.3所示自制一个。我的骨架是从一根铅笔上锯下来的一小段，然后在两头用乳白胶粘贴上两块硬纸片做成的。这样虽然费点事，但是其高矮、大小完全是量身定做，流露出低调奢华的气质。

电磁铁绕好以后，用双面胶粘在已经用另一块硬纸板盖住的底座磁铁之上，如图32.4所示。注意它们相对于底座磁铁的圆心对称排列，然后把焊接有两个直插式霍尔

传感器3503的小洞洞板粘贴在4个电磁铁之间。霍尔传感器处于电磁铁半腰的高度，这样由于电磁铁产生的磁场基本平行于霍尔传感器的表面，从而不会影响它们的读数。两个传感器成直角排列，它们相交处位于底座磁铁的圆心。这样，当传感器A测量到悬浮的小磁铁向左偏离平衡位置时，Arduino就会通知电路让电磁铁A1和A2通电，并且A1向右排斥小磁铁，A2向右吸引小磁铁，让它回到平衡位置。所以电磁铁A1和A2是串联在一起的，并且通电时极性相反，B1和B2也是如此。

■ 图32.3 自制电磁铁骨架。图中数字单位为厘米(cm)

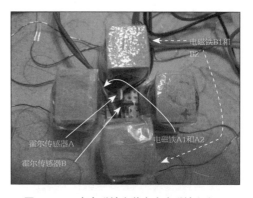

■ 图32.4 4个电磁铁安装在底座磁铁之上

然后我们来看如何读取从霍尔传感器得到的电压。这是通过一个简单的放大20倍的运放电路实现的，如图32.5所示。运放LM358的正输入端连接两个变阻器，它们是用来调节悬浮的小磁铁处于平衡点时的参考电压。虽说小磁铁的平衡位置大致位于底座的圆心之上，但是通过这两个变阻器我们能够细微地调整它在水平方向的位置。

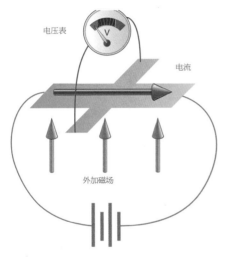

■ 图 32.5　读取霍尔传感器的电路

接下来就是用Arduino的Analog Read来读取霍尔传感器电路送出的电压值（对应于悬浮小磁铁的水平位置），然后通过PID控制算法来维持小磁铁处于平衡位置时对应的霍尔传感器的电压值。Arduino不能直接控制电磁铁中的电流，而是需要通过L298N驱动板，它正好可以控制两组电磁铁。具体的线路连接请读者参考开始提到的动力老男孩的网站和文章。

电路连接好以后，就是一段长长的考验耐心的调试时间。这里需要调节的参量包括硬件和软件部分。硬件部分是两个变阻器输出的参考电压，软件部分是PID控制中的比

例增益和微分增益（此处无须积分增益），其中的迷惑、沮丧以及喜悦只有您亲自尝试才能体会。各种调试的细节在动力老男孩的网站上都能找到，这里就不再重复了。我想要强调其中的关键是水平的两个方向要分开调试，比如可以用手指限制住小磁铁在左、右方向的运动，调试软硬件参数使得它在前、后方向上基本达到稳定，然后按照同样方式调试使得它在左、右方向上基本达到稳定。之后才可以松开手，把小磁铁放在半空中观察它的反应，然后对软硬件参数做微小调整，使其悬浮更加稳定。

当您开始尝试这个制作，遇到很多困难时，请相信这些我们也曾经历过，当您心灰意冷准备放弃时，请相信成功仅仅来自多一天的坚持。

32.2　探索与发现

霍尔传感器在前文的制作中起到了洞察秋毫的作用，用它来测量磁场的强度，是一个非常准确的方法。19世纪末，当科学研究还不像今天这样复杂和细化的时候，科学实验往往是不难理解的，这也是科学最为有趣的时代。1879年，美国约翰霍普金斯大学物理系年轻的研究生霍尔先生（Edwin Hall）做了一个实验（见图32.6），他在一张薄薄的金箔两端加上电压，使得有电流通过，然后在垂直金箔表面的方向上加以磁场，最后他在金箔的两侧用一个极为灵敏的电压表测量电压值（通常在10^{-6}V量级）。法拉第等实验物理学家在19世纪前期已经发现了通电导线在外加磁场下会感受到一个推力，从而法拉第发明了电动机。但是大家一直认为这个力是作用在金属的晶格上，而

不是其中的电流上。这个理论并没有任何实验支持，只不过大师麦克斯韦也是这么说的。年轻的霍尔先生不信这个邪，于是他想用这样一个实验来验证这个理论。为什么这个传感器能"看到"磁场的强弱，以及霍尔传感器的核心——"霍尔效应"在前沿科学中如何应用，请深入阅读《我们都是科学家——那些妙趣横生而寓意深远的科学实验》一书。

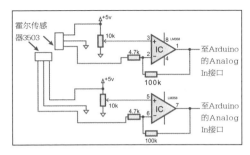

■ 图 32.6　霍尔效应的测量

33 可穿戴的睡眠监测仪

◇金孜达　谢作如

之前曾经看到过一个有趣的DIY：把加速度传感器放入包裹里然后快递，之后再取出来，通过查看记录的颠簸数据和时间来判断快递员有没有暴力快递。于是我就想到了应用加速度传感器制作一个能够监测用户睡眠时身体的状态的装置，毕竟你睡着以后身体做了什么你完全不清楚，有了这个仪器就可以知道了。制作用到的硬件见表33.1。

表 33.1　制作用到的硬件

名称	用途
Microduino Core	芯片模块
Microduino USBTTF FT232R	USB 数据交换模块
Microduino 10DOF MPU6050	加速度传感器模块
Microduino SD	SD 卡读写模块
USB 数据线	连接电脑用
导线 2 根	连接电源用
银锌电池盒	放置银锌电池用
PLA	3D 打印外壳用
Arduino IDE 1.0.6	编译器与烧写器
FTDI 2.12.0	FTDI 驱动
Microduino Hardware Support	Microduino 硬件支持组件
Microduino Libraries	Microduino 元件库

33.1　核心部件构建

1 借助 Microduino 的特殊性，组装 4 块 Microduino 模块并无难度，一块块插上去就好。

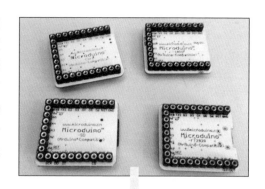

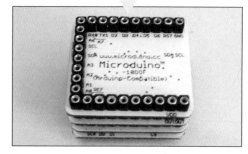

2 电脑要安装 FTDI 驱动。这是 Microduino 的必备驱动，只有安装好后才可以进行 Microduino 编程。

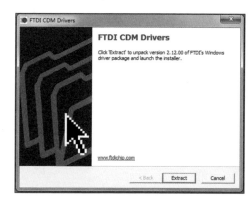

③ 将 Microduino 官方网站提供的专用 IDE 集成安装包解压到合适的目录。将 Arduino IDE 的"板卡"类型选择为"Microduino Core(Atmega328P @16M,5V)"。

- ◉ Microduino Core (Atmega328P@16M,5V)
- Microduino Core (Atmega328P@8M,3.3V)
- Microduino Core (Atmega168PA@16M,5V)
- Microduino Core (Atmega168PA@8M,3.3V)

33.2 硬件程序设计

33.2.1 如何记录用户的身体朝向

监测仪的关键就是负责记录此时重力的方向以得到身体的朝向,并将其忠实地记录在SD卡上,以便特制的数据分析器分析。

由于监测的是人体睡眠状态下重力的方向,所以很多情况下可以直接将测得的3个加速度分量视作重力加速度的3个分量。虽然存在数据噪声,但经实验发现其影响轻微,因此没有加上滤波器。

我们不妨先来看看它的工作原理。先看一下对朝向的定义。

图33.1所示的4张图的视角是当你将其佩戴在腹部时,从头部往腹部看的视角。

为了更易观察,图33.2所示的两张图视角发生了变动。请使用原先的相对视角看待图33.2。

然而事实上几乎不可能得到图33.1、图33.2那样的监测值,往往每次监测得到重力加速度的3个方向的分量且均不为零。对此,我们采用了一个非常简单的判断法:取模最长的一个分量对应的方位为此次的方位,如图33.3所示。

此外我们还顺便记录了每相邻2次测得数量值的矢量差。这在之后会派上用场(判断是否入睡以及估算一段时间内的睡眠质量等)。

接下来,考虑数据处理的解决方案。一种最朴素的想法就是周期性地监测重力加速度,不加任何处理地直接原始地记录进SD卡,将一切处理任务交付给数据分析器。然而,这种方法一个晚上会记录大量的数据(如果每100ms记录一次,记录8小时,则文件大概有5.5MB);此外,根据他人的使用经验,SD卡模块处理超过400KB的文件就会产生问题。为保险起见,这种方式并不合适。

上述方法产生的文件之所以过大,是因为存在大量的冗余数据。例如,一个人睡觉时一般会在10~15min保持同一朝向并几乎不移动,而这段时间得到的数据十分接近,却全被记录。所以第二个想法是剔除相似数据,设定一个阈值,对阈值以内的数据不予记录。

因为只是为了记录身体的朝向,所以仅需记录朝向改变的事件。因此,第三种方法,也是更好的方法是只记录当身体改变朝向的事件即可。

我们最终决定结合第一种与第三种方法,即内存中记录最近一定次数的原始数据,并进行初步加工后写入文件,这样可以大幅降低文件的大小(一般小于3KB)。

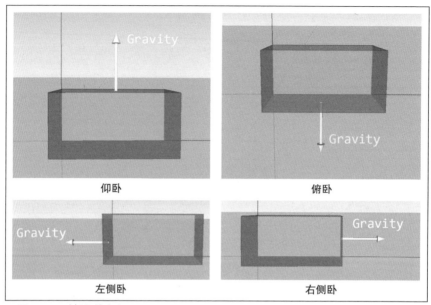

■ 图 33.1 对朝向的定义 1

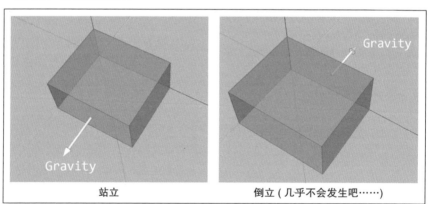

■ 图 33.2 对朝向的定义 2

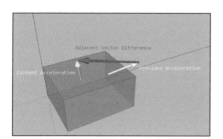

■ 图 33.3 实际的方位

33.2.2 数据过滤

并不是任何原始数据都是可信的，除了无法预测的数据噪声，更值得关注的还有如下两种情况。

（1）用户根本没有进入睡眠状态。我们无法期待用户在睡着前一瞬间启动产品，因此启动产品的时机都是睡着前的一段时间，而这段时间用户的行为被认为是相对活跃的。此时的数据根本不应当被记入，否则会对数据产生一定的干扰。

（2）用户已经进入睡眠状态，但是身体正在运动。虽然一般情况测得的加速度可直接视为重力加速度，然而当用户转身或者有大幅度的运动时，就不能如此轻率地将测得的加速度用于确定当前用户朝向的数据来源。如果毫不考虑这种干扰而对其一视同仁，对结果的影响是相对严重的。

第1种情况的解决方法是并不急于记录数据，而是将监测仪分为"监视状态"和"记录状态"。一开始监测仪处于"监视状态"，该状态仅仅将数据写入内存而不写入文件。我们认为，若一段时间内数据变化不大且朝向主要不为站立时，则用户已经进入睡眠状态，随后切入"记录状态"并新建数据文件。在"记录状态"，数据不仅被写入内存，还会经过初步处理并写入文件，我们认为，若一段时间内用户几乎一直处于站立状态，则用户已经离开睡眠状态，随后返回"监视状态"并终止数据文件。

第2种情况的解决方法是综合考虑附近的数据。在这种处理方式下，我们可以较轻松地排除个别的突变数据而不将之错误地作为有效数据进行处理。而如果用户确实发生了朝向改变等大动作，我们也能够正确地认知到这种变化并将其予以考量。

33.2.3 睡眠质量指数

睡眠质量指数是我们为了增加设备的功能而设计的一个参考指数。我们认为，在相等的一段时间内，身体活动越少，睡眠质量越好。我们通过获取这段时间内任意相邻2次测得加速度的矢量差的模的平方并求和，衡量身体如何活动。显然，就相等的一段时间内而言，模的平方和越大，身体的活动就越剧烈，因此这是可以作为判断睡眠质量的指标的。我们每次对朝向相同的一段连续时间计算睡眠质量指数，考虑到这些时间不尽相同，还需要将其除以时间差。

这是睡眠质量指数的计算公式：

$$Q = 2000\left(\frac{1}{2} - \frac{1}{\pi}\arctan\left(\frac{\sum\limits_{n=1}^{\frac{t_e-t_s}{T}}|\vec{a}_n - \vec{a}_{n-1}|^2}{100(t_e - t_s)}\right)\right)$$

其中 $\vec{a}_i(1 \le i \le \frac{t_e-t_s}{T})$ 表示这段时间内第 i 次测得的加速度；t_s 是这段时间相对于启动仪器的开始时刻；t_e 是这段时间相对于启动仪器的结束时刻；T 是相邻2次测量的周期。

由于一共测量了 $\frac{t_e-t_s}{T}$ 次，故这段时间内的"平均相邻加速度差的模的平方"的值为 $\frac{\sum\limits_{n=1}^{\frac{t_e-t_s}{T}}|\vec{a}_n - \vec{a}_{n-1}|^2}{t_e - t_s}$，除以100是数据上的需求（防止溢出）。

接着对计算得到的值进行映射。因为原先的值域为[0，+∞），故对其进行一次反正切运算并除以圆周率，就可以将其映射到一个上下有界的区间[0，1/2）。由于一般情况我们觉得这个值越高，睡眠质量才越好，因此将其取负。为了好看起见，再加上1/2。最后乘以2000，将其映射到（0，

1000]，且此时睡眠质量指数与睡眠质量成正相关，符合要求。

33.2.4 最终程序

上面为"监视状态"模式的代码和简要解说，最后将其烧录在芯片上即可（见图33.4）。

■ 图 33.4　程序

代码	注释
| ```
void monitor()          //Monitor Mode
  {
#ifdef DEBUG_MODE Serial.println
("Starting Monitoring...");
#endif
int inital_count=0;
for(;(double)oog_count/CACHE>OOG_
PASS_RATE || (double)direct_
count[3]/CACHE>RAS_PASS_RATE||
inital_count<CACHE;current_
index=(current_index+1)%CACHE)
  {
  oog_count-=distSqr(current_
index,(current_index+1) %CACHE)>GATE;
  direct_count[acceleration
[current_index].direct]--;
  getAcc(current_index);
  oog_count+=distSqr((current_
index+CACHE-1)%CACHE,current_
index)>GATE;
  direct_count[acceleration
[current_index].direct]++;
  if(inital_count<CACHE)inital_count++;
}
previous_event_time=millis();
#ifdef DEBUG_MODE Serial.
println("Ending Monitoring...");
#endif
return;
  }
``` | [当进入"监视状态"时运行的函数。]<br><br>[调试模式下使用的代码。]<br><br>["监视模式"的终止条件为：在最近10min内连续的两次测量值的矢量差超过阈值（GATE=6000）的计数值比率小于80%（OOG_PASS_RATE=80%），且最近10min内测得站立状况的计数值比率小于2.5%（RAS_PASS_RATE=2.5%），且至少进入该模式10min。如果有一个没有满足，会重新回到循环。每次循环的间隔为约1s。]<br><br>[将RAM中最旧的一次数据抹除并清除其影响。]<br>[记录新的测量值带来的影响。（如果这次的测量值与上次的测量值之间的矢量差大于阈值（GATE=6000），则oog_count加1，此次测量值对应的方位的direct_count加1。）]<br>[调试模式下使用的代码。] |

33.2.5 测试

经过数十次测试，程序可以正确运行。
```

33.3 作品包装

先加入电池，以便脱机运行。在网上可以买到银锌电池盒这样体贴的小配件（见图33.5），将它与Microduino模块连接（见图33.6）。

我们采用3D建模软件设计外壳，然后用3D打印机打印实物，将芯片与电池放入其中（见图33.7），最后封口（见图33.8）。至此产品完工。

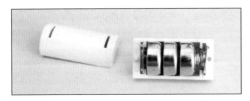

■ 图 33.5 银锌电池盒

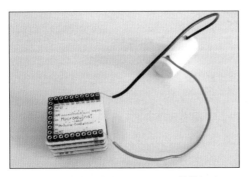

■ 图 33.6 将电池盒与 Microduino 模块相连

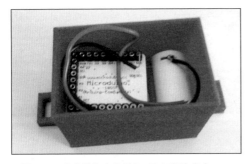

■ 图 33.7 将芯片与电池放入 3D 打印外壳中

■ 图 33.8 睡眠监测仪制作完成

33.4 数据分析器设计

即使经过初步处理的数据，其格式对一般用户来讲依然晦涩难懂，且格式不友好。因此，将数据转变为用户易于直观读取和理解的就成了一项重要的任务。我们采用VB（Visual Basic）编写分析器的源代码和界面（见图33.9）。虽然外表简陋，但是已经能将数据显示得足够直观。

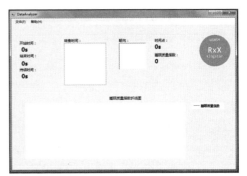

■ 图 33.9 采用 VB 编写的分析器

首先我们单击菜单中的"文件"选项（见图33.10），打开文件选择框，选择一个文件（注：该文件是一份生成的数据文件，格式为 *.rd，仅供演示）。

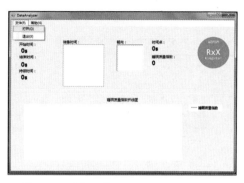

■ 图33.10 选择文件

然后数据将被处理与显示（见图33.11）。

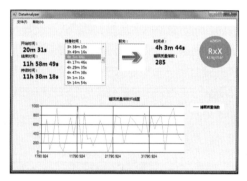

■ 图33.11 数据被处理与显示

左上角表示睡眠的时间，一般情况只需了解最下面的"持续时间"即可。"起始时间"是自产品启动到开始记录文件的时间，"终止时间"是自产品启动到结束记录文件的时间。

右上角有一个按时间升序排列的列表，分别记录每一次身体转向的时间、转向完毕后身体的朝向以及保持这个朝向的这段时间内的睡眠质量指数。睡眠质量指数是一个量

化数值，可以反映你的睡眠质量，该值在0~999范围内浮动，数值越高，睡眠质量越好。

下方是一个睡眠质量指数图表，直接显示了每个转向的时刻及此段时间的睡眠质量指数，可清晰、直观地了解一次睡眠的总体质量与总体变化。

33.5 结语

这个产品设想并不复杂，制作简易，而探索历程又十分有趣。因此我们也对这次的设计体验感到非常充实。产品构造简易小巧，功能简单而不失趣味。设计过程用到了单片机、编程和3D打印，体现了科技协作的力量。这次体验给我们的影响是显著的，我们在此感到了快乐，也得到了进一步探索的动力。

其实我们处理信息的方式并不复杂，实际上我们得到的信息完全可以做到更多的事情，这可能将成为我们进一步探索的方向，如：

（1）加入一些简易而有效的滤波算法，以便高效精准地处理原始数据；

（2）通过一段时间的数据，更好地推测当前用户的睡眠状况；

（3）改进数据分析软件，使其更加易懂并具有更良好的交互功能。

受设计水平限制，数据转移的方式使用了SD卡。考虑到现今使用的数据格式并不会占用大块空间，我们也可能改良数据的传输方式，比如使用蓝牙或者Wi-Fi将数据直接实时传送到数据分析软件。

34 智能空气数据监测分析盒

◇连龙

我国北方地区冬季雾霾严重，很多家庭都会根据PM2.5值决定出门是否戴口罩，但是没有办法检测家里的PM2.5值。如果长期待在家中，随时了解家里的空气质量是很有必要的。如果购买一个PM2.5检测仪，就只能检测家里的单项数值，功能较少，并且大多数PM2.5检测仪只能显示当前的数值，不能知道家中什么时候PM2.5较高，也不能报警。因此我想制作一个智能化的盒子，让它能检测空气质量并和正常状态进行比较，同时具有分析、上传和报警功能，让检测与分析更彻底、更完善，并且数据会被简单地传送到使用者手中。

34.1 功能

这个盒子可以检测PM2.5、空气质量和温/湿度值，并且会自动保存和上传数据，使用者可以通过浏览器查看各项数值。若是在内网访问本制作，则不需要输入IP地址，只需要输入"盒子的主机名.local"作为网址即可，访问更加方便。主机名可以自己设置，比如我的主机名是detector1，就可以用detector1.local来访问，这样访问更简单，也不需要安装程序。若不在内网，也可通过网络上的服务器查看盒子上传的数据。总之，只要联网，就可以查看数据，使用手机也可以。

这个盒子还具有分析功能，访问指定网址后会自动绘图，显示出当前的状况。如果超过了指定的报警临界值就能自动报警。盒子上有4个LED，每个LED指示一项数据，并且它们都有红、绿、蓝3种颜色，还可分别控制亮度，这样就可以混合出不同的颜色了。各项参数也是可以设置的，并能根据需要进行调整，同时还能更改显示范围和算法。

这样的智能盒子，使用起来也不复杂，只需插上网线、把Micro USB接口连接到充电器或者计算机的USB接口就可以了，无线连接也有办法实现。

34.2 运行框架

这个智能盒子的运行框架如图34.1所示。主芯片先向单片机发出信息，单片机获取传感器的信息并发回，然后主芯片存储数据并且上传到服务器，在使用者需要时分析数据并以网页的形式发送给使用者。

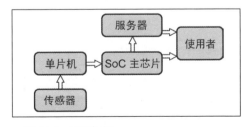

■ 图 34.1 运行框架

单片机	Arduino Micro（ATmega32U4）
主芯片	AR9331
传感器	GP2Y1010AU0F、QS-01、DHT11

34.3 单片机程序原理

34.3.1 芯片型号和编程方式

我采用Arduino Micro作为单片机开发板，因为它带有ATmega32U4单片机，支持硬件USB，可以用USB来和主芯片传输数据，在获得较高速率的同时不容易丢失数据。使用Arduino Micro而不是直接使用ATmega32U4是因为其芯片封装不适合焊接，同时Arduino Micro自带晶体振荡器、USB接口，方便开发。

我使用Arduino IDE作为开发软件，它用的是带有库和特殊语法的C++，这会让开发变得更快、更方便。

34.3.2 亮度调节

这里使用了4个全彩共阳LED，每个具有4个引脚——1个公共正极和3个负极。我使用PWM来调节LED的亮度，在Arduino里用analogWrite()就可以调节。要避免使用定时器0的PWM，因为如果调整了定时器0的频率，Arduino的函数会被影响。我调整频率的方式是修改寄存器，因为Arduino没有提供修改频率的其他办法，对于定时器1和定时器4，我是这么修改的：

```
TCCR1B |= (1 << CS10);
TCCR1B &= ~((1 << CS12) | (1 <<
CS11));
TCCR4B |= (1 << CS40);
TCCR4B &= ~((1 << CS42) | (1 <<
CS41));
```

图34.2所示是我的连接方式，采用了不同时驱动的方式来点亮LED，每一个LED有256级的亮度调节，这样3种基本颜色就可以混合成不同颜色。

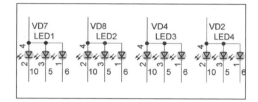

■ **图 34.2　LED 连接方式**

采用不同时驱动的方式，需要一个时间来执行切换LED的操作。这里我用了定时器3的CTC来确定时段，每匹配一次，中断执行一次，就切换一次LED，亮度值实现存储在brightness数组里，分4个LED、3个数（红、绿、蓝）存储。这里采用把WGM33和WGM32设置为1的方式来把定时器更改为PWM模式，ICR3是匹配的时间（这个时间是以单片机时钟的频率来算的），时间越长，刷新的次数越少，65535是最大值，这个数值不能设置得过小，不然会一直处在中断之中，不能响应其他中断和执行程序。TIMSK3是中断的寄存器，我设置开启CTC中断。这是设置的代码：

```
TCCR3A = 0;
TCCR3B = (1 << WGM33) | (1 <<
WGM32) | (1 << CS30);
ICR3 = 65535;//LED刷新的间隔
TIMSK3 |= 1 << ICIE3;
```

而中断是用ISR来设置，向量是TIMER3_CAPT_vect。

34.3.3 数据读写

我使用USB来进行数据读写，这里

Arduino把USB模拟成了串口CDC，因此使用Serial类就可以读写数据了，主芯片发送不同的命令，单片机响应发送数据。如g命令加一个参数是获取传感器数值，w是写入偏好到EEPROM。单片机返回的数据以"\n"结尾，这样主芯片就比较容易判断数据是否结束。

34.3.4　偏好存储

有时我们需要更改偏好，例如更改存储的校准数值，所以我设置了一个偏好结构体structpref来存储偏好，可以通过不同的命令来修改偏好的不同部分。我使用了EEPROM库来修改EEPROM。EEPROM.write()和EEPROM.read()函数可以一次修改一个字节，我用了两个函数来循环写入structpref:

```
void readPref() {
  for (unsigned int i = 0; i <
  sizeof(struct pref); i++) {
  *((uint8_t *)&preferences + i)
  = EEPROM.read(i);
  Serial.println(*((uint8_t *)&preferences
  + i));//For debugging
  }
}
void writePref() {
  for (unsigned int i = 0; i <
  sizeof(struct pref); i++) {
  EEPROM.write(i, *((uint8_t
  *)&preferences + i));
  }
}
```

version_signature是用来识别EEPROM的数据版本和程序数据版本的，如果以后更新程序，会根据这个版本来识别EEPROM的偏好，默认更新程序时是不会更新EEPROM的，这样就需要这个

version_signature，以免混乱。这里设置的是如果不是本版本的偏好，就重新写入默认偏好。

34.3.5　蜂鸣报警

如果数据超过了标准，就需要使用蜂鸣器发出报警声音，蜂鸣器通过68Ω的电阻来连接单片机。程序在preferences.beep是true时启动蜂鸣器，定时器中断和蜂鸣报警是放在一起的，蜂鸣报警由寄存器控制，向BEEP_PIN_PIN的位写入1可以翻转电平，而向BEEP_PIN_PORT写入0可以设置为低电平。这里的BEEP_PIN_PIN和BEEP_PIN_PORT都是宏，指向对应的寄存器。蜂鸣报警的频率可以由前面控制匹配中断频率的ICR3来控制，和LED的切换时间控制是在一起的。

```
if (beep) {
  BEEP_PIN_PIN |= 1 << BEEP_PIN_
  BIT; //Turn the beep pin
  } else {
  BEEP_PIN_PORT &= ~(1 << BEEP_
  PIN_BIT); //Make the beep pin low
}
```

34.3.6　传感器

1. PM2.5 传感器

我用的PM2.5传感器是GP2Y1010AU0F，这个传感器的原理是点亮一个LED（光线不可见），通过折射的数据来判断空气中烟雾和可吸入颗粒的多少。输出情况和LED点亮时间的关系如图34.3所示。LED要点亮至少0.28ms才能获取到准确的数据，实际用的值会比这个数值大，因为代码执行还要占用时间。

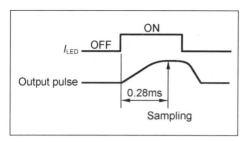

■ 图34.3　输出情况和LED点亮时间的关系（来自传感器的数据表）

输出电压和颗粒浓度的关系如图34.4所示。在烟雾浓度为0~0.5mg/m³时，输出电压与浓度大约成一次函数关系，$y=kx+b$。从图中得到两组值：当输出电压是3V时，浓度为0.4 mg/m³；当输出电压是3.5V时，浓度为0.5 mg/m³。这里使用μg/m³作单位，需要乘以1000，就可以得到这两个关系：

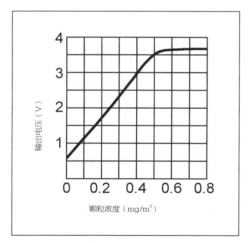

■ 图34.4　输出电压和颗粒浓度的关系（来自传感器的数据表）

$x=3$，$y=400$，$3k+b=400$
$x=3.5$，$y=500$，$3.5k+b=500$
求出k和b的数值：
$k=200$，$b=-200$

也就是说，关系是$y=200x-200$，这里的x是电压，所以要在输入数值的基础上除以1023（$2^{10}-1$），再乘以5（AREF是5V）。因此可以得到：

```
double value = (double)
(dustVal/10)/1024*5*200-200;
```

但是经过测试发现，对于小的数值，得出的PM2.5是负数，原因可能是公式误差或是不同的传感器的个体差异，因此这里要加一个偏移值ADJUST_VALUE。这个数值只对我的传感器的目前状态有效，其他状态需要经过调试才能得到比较准确的数值。修改后的公式是：

```
double value = (double)
(dustVal/10)/1024*5*200-
200+ADJUST_VALUE;
```

这里同时设置了一个自动处理数据的方法，就是当数据小于0时把数据值设置为-1，代表获取的数据不正确。

2. 空气质量传感器

我用的空气质量传感器是QS-01，这个传感器由一个小加热器和一个检测器组成，检测器可以在加热时检测空气中不常有的气体，检测范围为氢气、一氧化碳、甲烷、异丁烷、酒精、氨气。这个传感器在首次使用前需要先进行48h以上的预热（用内部电阻加热）。

这个传感器的结构以及标准电路图如图34.5所示，R_H属于加热电阻，而R_S属于传感检测电阻，气体浓度由R_S的阻值来体现。R_S和气体浓度的关系如图34.6所示，这里我的R_L为1kΩ，读取的是R_L的电压，根据欧姆定律可以得出电流 $I_L=U_L/1000\,\Omega$ ，然后可以求出 R_S 的电压 $U_S=5V-U_L$ ，串联电路的电流相等，所以 $I_S=I_L=U_L/1000\,\Omega$ 。那么 $R_S=U_S/I_S=(5V-U_L)/U_L\times1000\,\Omega$ 。

R_S(Air)就是在空气中的电阻，这里的取值需要确保结果不会超过1，当然，根据具体的情况需要进一步调整这个阻值，以保证结果准确。这里因为不同气体对传感器的影响不同，就直接显示 R_S/R_S(Air)的值了，对于数据超过1的数值，将自动改为1。

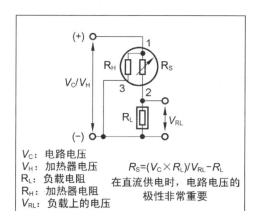

■ 图 34.5 QS-01 的结构

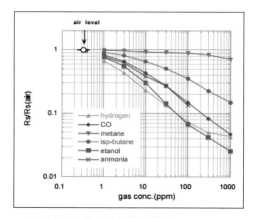

■ 图 34.6 R_S 和气体浓度的关系

3. 温 / 湿度传感器

温/湿度传感器是DHT11，这个传感器是单线传输的，我使用DHT11库来获得温/湿度数值。在看了库的代码之后，我发现了一些问题，首先是因为我没有连接上拉电阻，所以要设置内部上拉电阻，因此我把库的pinMode设置改为INPUT_PULLUP，并且因为我修改了定时器和中断，库里用循环来确定时间的功能不能使用，导致无法正常获取数据，但是更改库的计时方式又比较麻烦，所以我决定使用cli()在获取数据时禁止中断，但是仍然不能正确获取数据，我想这可能是延时的设置考虑了自带的中断，而cli()会禁止所有的中断，于是我用复位单个中断位的方法来禁止单个自定义中断：

```
TIMSK3 &= ~(1 << ICIE3);
```

然后用这个方法来恢复：

```
TIMSK3 |= 1 << ICIE3;
```

因为这个传感器内置校验码，单片机可以通过校验码来判断得出的数据是否正确，如果校验码和数据不正确，则试着重新获取数据，最大次数由DHT11_TRY_MAX_COUNT决定，这样就可以保证获取到的数据的准确性。

34.4 主芯片数据获取及上传程序原理

我使用的主芯片是AR9331，这个芯片具有有线/无线网络发射、接收功能，具有USB，是MIPS架构，能运行Linux。我的主芯片的运行板有64MB内存和16MB

Flash，运行Openwrt 14.04，我安装了Python和pyserial库，用来获取数据。默认开机会运行rc.local脚本，因此会在后台运行里面的/root/readdata，这个程序在运行后会获取数据，然后写入/root/www/log/datalog文件，给分析程序读取数据。

34.4.1　主芯片数据分析原理

我直接写了一个html页面来让浏览器访问数据。因为是静态html，所以速度会比用CGI快，但是静态html没办法分析数据，因此我用JQuery库来获取生成的log/datalog文件，这里使用ajax来调用数据，为了方便，我使用了同步调用，虽然这么设置会导致使用速度变慢以及不太好的用户体验，但是在这个页面中，如果ajax不加载好，其他东西就没有办法使用，即便使用异步调用，也不能有什么改观，因此使用同步调用即可。

我提供了3种算法，一种直接显示和两种平均算法，这些算法都不是很好，但是至少可以起到一定作用。在计算后用一个JQuery插件来绘制出表格。我使用了JQuery Mobile来显示界面，这样在手机上也能获得很好的显示效果，达到兼容手机的目的。

通过计算机访问的界面如图34.7所示，切换4个选项卡可以清晰地看到显示的数据，"不显示老数据"的设置能显示最新的数据。

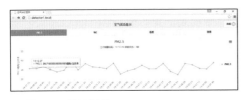

■ 图34.7　显示界面

34.4.2　主机名 .local 的访问原理

这里使用了一个叫作avahi的程序，这个程序是Zeroconf协议在Linux下的支持程序，基于mDns协议来发送数据，它的配置文件在/etc/avahi下，这个软件需要dbus才能运行，开机自动运行avahi-daemon后，程序就会响应查询广播，这样就可以通过"主机名.local"来访问主机了。这里的主机名可以在控制面板里设置，空格会被替换成下划线，大小写不区分。这样就避免了输入IP给新手带来的麻烦，可以用DHCP获取地址而不需要查询IP地址。当然，Windows默认是不支持这个协议的，需要安装Bonjour程序才可以，而苹果的产品支持这个协议，可以直接访问。

34.4.3　通过网络发送串口命令的原理

有一些设置并没有被放在图形界面里，或者是比较隐蔽的功能（如调试需要），需要手动发送命令，而手动发送命令需要手动控制tty。然而要向/dev/ttyACM0（单片机连接上建立的默认tty）里面写入数据，就需要先登录SSH再操作，既麻烦，又不好查看返回的数据（当然也可以装minicom来操作，但是也很麻烦），因此我设计了用网页发送硬件命令的程序。

我使用的服务器程序是Openwrt原来用来发送控制面板的程序，现在把我的程序也加入其中，我使用CGI来实现发送硬件命令，用Python来发送命令和网页的信息，CGI需要直接发送套接字的信息。输入信息用环境变量来传输，POST信息用stdin管道来传输，而GET更容易访问并且更容易读取，只不过数据不能过多，因此我使用GET来接收数据。用pyserial来发送命令，如访问这个网页就可以获得传感器3的信息：http://主机的访问地址/cgi-bin/command.py?command=g3y。

这样毕竟有些麻烦，所以我也设置了一个图形界面，单击右上角的"功能"就可以切换到功能界面，单击"高级"就可以切换到命令发送界面从而发送命令，如图34.8所示。这样就可以方便地查看信息，以后也可以更改偏好。但这个功能没有设定锁，所以可能会和数据获取程序冲突。锁可以用类似opkg的方式来存储，信息可以存储在/tmp中的文件里。

■ 图 34.8 命令发送界面

34.4.4 实时信息的查看

图表是默认每30s更新一次数据的，如果要查看当前数据，发送命令是可以的，更方便的办法是单击"功能"，不仅可以获取实时信息，还可以获取偏好，如图34.9所示。

■ 图 34.9 获取实时信息和偏好

34.4.5 设置存储的原理

如图34.10~图34.12所示，设置分3种：第一种是信息上传和获取的设置，这部分是由主芯片控制的，存储在主芯片里；第二种是偏好设置，里面包含校准信息，是由单片机控制的，存储在单片机的EEPROM里；第三种是显示设置，如显示多少点，这部分对于不同屏幕，设置是不同的，如计算机可以多显示一些，而平板电脑和手机就少显示一些，因此以Cookies的方式存储，我使用了js.cookie。

■ 图 34.10 信息上传和获取的设置

■ 图 34.11 偏好设置

■ 图 34.12 显示设置

34.4.6 数据的清空

对于服务器的数据清空，我用了一个PHP来实现。对于本地数据的清空，只需要单击"功能"按钮，在设置的底下就有这个按钮，如图34.13所示。实现的方式也是通过CGI，编写语言是Python。实现代码很简单，就是用w模式打开datalog文件再关闭，就达到清空数据的目的。

■ 图 34.13　清空数据

34.4.7　自动刷新功能

我没有使用简单的meta标签来实现自动刷新，这是因为meta标签不好更改自动刷新的间隔，毕竟我用的是静态html，而刷新的间隔又是存在Cookies里的。我使用了setInterval的JavaScript函数，这个函数会调用autorefreash函数，执行location.reload()进行刷新。刷新的时间间隔是可以设置的，我用了一个Sliderbar来供用户设置范围。

34.4.8　图形化系统管理

目前的数据显示网页还不能做到设置系统信息和管理系统的功能，因为盒子使用OpenWRT，所以可以使用OpenWRT自带的LuCI管理器来管理系统。LuCI的默认端口是80，也就是HTTP的默认端口，因此我通过修改系统的uhttpd设置把LuCI的端口设置成了81，以免冲突。

通过"http://主机访问地址:81"这个地址就可以方便地管理和控制系统里的东西了，这个管理功能是很强大的，如设置主机名、网络接口、防火墙和安装卸载软件包等。

34.4.9　表格的生成

如果觉得默认的显示方式不方便分析，还可以用"下载表格"按钮来下载表格。这里生成的是CSV表格，因为这种表格比较容易生成。我使用JavaScript来生成a标签，通过a标签的download的HTML5属性来确定下载文件的文件名。下载后的文件可以直接打开，如图34.14所示。

	A	B	C
1	Sensor0		
2	Date	Time	Value
3	2015/11/13	20:29:27	33.51333333
4	2015/11/13	20:30:57	32.20666667
5	2015/11/13	20:32:27	31.75
6	2015/11/13	20:33:57	28.69333333
7	2015/11/13	20:35:27	30.81
8	2015/11/13	20:36:57	30.58333333
9	2015/11/13	20:38:27	33.05333333
10	2015/11/13	20:39:57	34.78
11	2015/11/13	20:41:27	31.59
12	2015/11/13	20:42:57	30.12666667
13	2015/11/13	20:44:27	27.84666667

■ 图 34.14　CSV 表格

34.4.10　扩展接口的设置

由于传感器或者数据获取原因，获取到的数据并不是很精确（如DHT11的温度精度只有0.5℃），因此我还把单片机闲置的串口作为扩展接口，配合使用串口的传感器或者接另一个单片机，可以获取更多种类和更精确数据。当然，这需要修改单片机程序和获取、分析程序才可以。

34.4.11　无线支持

主芯片AR9331支持无线802.11b\g\n网络，和市面上的一些路由器的主芯片相同，理论上是可以无线联网的，设置方法就需要知道一些比较高级的知识了。如果家里没有网络，也能通过设置使用盒子，只是缺少上传功能，但是仍然可以分析。可以通过OpenWRT的LuCI来设置无线状态从而连接无线网络，用SSH登录，以命令行修改也是可以的。

34.5　成品展示

　　智能盒子内部实物图（见图34.15、图34.16）并不好看，因为我使用了自己切割和粘贴的透明外壳，不精确，内部也有胶痕，如果定制外壳就可以避免。使用印制电路板也可以避免内部焊接出现的凌乱问题。

　　图34.17所示是用Chrome访问看到的界面，图34.18所示是用手机访问看到的界面，已经和应用程序没什么差别了，使用却比应用程序简单，不需要下载，添加到主屏幕上还能以和应用差不多的方式访问。

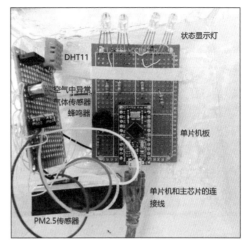

■ 图 34.16　智能盒子内部 2

■ 图 34.17　用 Chrome 访问看到的界面

■ 图 34.18　用手机访问看到的界面

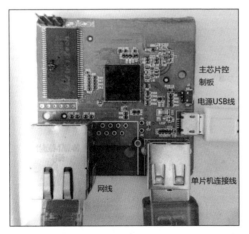

■ 图 34.15　智能盒子内部 1

35 自动遮阳、浇水装置

◇张婧　陈啸　陈妙莲

炎炎夏日，大多数植物不易生长，特别是生长在阳台上的花花草草。原因一是水泥地面在阳光照射下，温度可以超过40℃；二是土层太薄，到不了中午，泥土里储存的水分就被消耗光了。针对这两个问题，我一直在琢磨做个自动遮阳、浇水的装置。

35.1 要实现的功能

为了避免太阳暴晒，当温度大于32℃时，自动打开遮阳网；当温度低于29℃时，自动收回遮阳网。当土壤的湿度低于80%时，启动水泵，浇水10s。

35.2 准备硬件

为了安装可以伸缩的遮阳网，我们先要搭个架子。首先丈量阳台的大小，再用SolidWorks设计出架子的样子（见图

35.1）。接着拿打印好的图纸去水暖配件商店，让店家按照尺寸切割、绞丝，交完加工费后就可以搬回家组装。

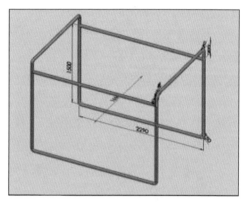

■ 图 35.1 用 SolidWorks 设计出架子的样子

其他需要准备的材料见表35.1，各部分的连接方法如图35.2所示，连接好的实物如图35.3所示。Arduino pin2连接轻触按钮，

表 35.1 材料清单

序号	材料名称	主要用途
1	Arduino Ethernet 网络控制器	除 Arduino 的功能外，可直接将数据上传至 Yeelink
2	土壤温 / 湿度检测传感器	测量土壤的温度及湿度
3	继电器 1	浇水
4	水泵	
5	继电器 2	
6	直流电源（24V）	步进电机转动，带动链条，链条再带动遮阳网伸缩
7	步进电机驱动器	
8	步进电机	
9	链条	
10	网线（并连接互联网）	将数据上传至 Yeelink

Arduino pin3连接LED，Arduino pin4连接温/湿度传感器的DATA引脚，Arduino pin5连接温/湿度传感器的SCK引脚，Arduino pin6连接继电器1（控制220V小水泵），Arduino pin7连接继电器2（控制24V电源），Arduino pin8控制步进电机正转，

Arduino pin9控制步进电机反转。步进电机转动将带动链条，链条再带动遮阳网伸缩（见图35.4），遮阳网在架子上的伸缩效果如图35.5和图35.6所示。Yeelink上的数据如图35.7所示，可在计算机或手机上实时查看最新数据或历史数据。

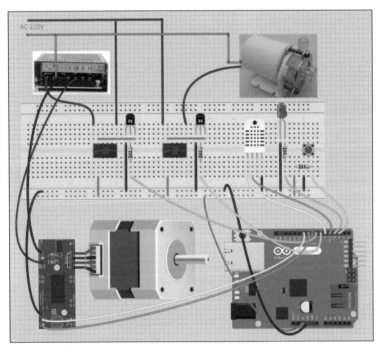

■ 图 35.2 连接方法

■ 图 35.3 连接好的实物

■ 图 35.4 减速步进电机带动链条，再带动遮阳网

■ 图 35.5　遮阳网未打开

■ 图 35.6　遮阳网完全展开

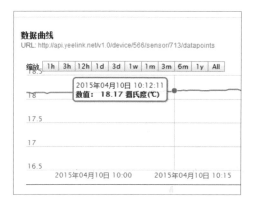

■ 图 35.7　Yeelink 上的数据

35.3　代码思路

　　程序流程如图35.8所示，整个过程一目了然，就不多解释了。

　　注：万一遮阳网在展开状态，停电后又来电，程序重新开始运行，就会认为遮阳网是未展开的。当温度大于32℃时，遮阳网会继续展开，造成机械部分损坏。加入此判断后，停电后再来电，需要人工判断遮阳网是否处于收回状态。此时先要按下按钮，程序才能继续运行。

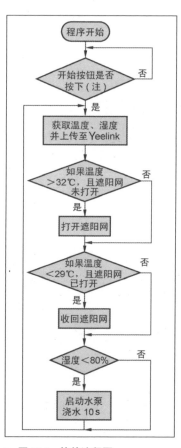

■ 图 35.8　软件流程图

```
/*
加载温湿度传感器的库文件
*/
#include <Sensirion.h>
/*
加载上传数据到 Yeelink 的库文件
*/
#include <Ethernet.h>
#include <WiFi.h>
#include <SPI.h>
#include <yl_data_point.h>
#include <yl_device.h>
#include <yl_w5100_client.h>
#include <yl_wifi_client.h>
#include <yl_messenger.h>
#include <yl_sensor.h>
#include <yl_value_data_point.h>
//-------- 所有库文件加载完毕 --------//
//------------- 定义变量 -------------//
unsigned long time; // 计时
float temperature; // 温度
float humidity; // 湿度
float dewpoint; // 露点
boolean temp_humi,net;
yl_device ardu(566); // 设置设备编号
yl_sensor therm(713, &ardu); // 设置传感器编号
Sensirion tempSensor  = Sensirion(4,5);
yl_w5100_client client;
yl_messenger messenger(&client,"2a20600399eaa57eb****f4b2d1","api.
yeelink.net");
// 初始化各端口
void setup(){
  pinMode(2,INPUT);
  pinMode(3,OUTPUT);
  pinMode(6,OUTPUT);
  pinMode(7,OUTPUT);
  pinMode(8,OUTPUT);
  pinMode(9,OUTPUT);
  byte mac[] = {0xAA, 0xBB, 0xCC, 0xDD, 0xEE, 0xFF };
  Ethernet.begin(mac);
}
void loop(){
  // 按钮被按下，且持续时间 > 1s
  while(1){
    time=millis();
    while(digitalRead(2)==HIGH)   // 按钮被按下时，死循环
    {
      delay(10);
    }
```

```
    if (millis()-time>1000)  // 判断按钮被按下的时间是否 >1s
  {
    digitalWrite(3,HIGH);
    goto bailout;  // 跳出至标记
  }
}
bailout:  // 标记
// 获取温度、湿度（露点没用上）
tempSensor.measure(&temperature,&humidity,&dewpoint);
/* 上传至 Yeelink，因本人能力有限，未能实现一次同时上传温度、湿度两项数据，便用了一
个变通的方法，第一次上传温度，第二次上传湿度 */
if(temp_humi){
  yl_sensor therm(713, &ardu);
  yl_value_data_point dp(temperature);  // 第 2、4、6、8……次上传温度
  therm.single_post(messenger, dp);
  temp_humi=false;
}
else{
  yl_sensor therm(6533, &ardu);
  yl_value_data_point dp(humidity);  // 第 1、3、5、7……次上传湿度
  therm.single_post(messenger, dp);
  temp_humi=true;
  }
delay(1000 * 12);  //Yeelink 两次数据时间间隔不得少于 10s
// 温度 >32℃且遮阳网未打开
if(temperature>32 and net==false){
  digitalWrite(7,HIGH);  // 给 24V 电源通电→给驱动器供电
  delay(2000);
  for(int i=0;i<13000;i++)  // 产生 13000 个脉冲，即步进电机走 13000 步
  {
    digitalWrite(5,HIGH);
    delayMicroseconds(250);
    digitalWrite(5,LOW);
    delayMicroseconds(250);
  }
  delay(500);
  net=true;  // 让单片机记住：遮阳网的状态是"展开"
  digitalWrite(7,LOW);  // 当电机不转时，就不需要 24V 电源；关掉可以节能
}
// 温度 <29℃且遮阳网已打开
if(temperature<29 and net==true){
  digitalWrite(7,HIGH);
  delay(2000);
  for(int i=0;i<13000;i++)
  {
    digitalWrite(6,HIGH);
    delayMicroseconds(250);
    digitalWrite(6,LOW);
    delayMicroseconds(250);
```

```
    }
    delay(500);
    net=false; // 让单片机记住：遮阳网的状态是"收回"
    digitalWrite(7,LOW);
  }
  // 当湿度<80% 时，启动水泵持续 10s
  if (humidity<80){
    digitalWrite(6,HIGH);
    delay(10000);
    digitalWrite(6,LOW);
  }
  goto bailout; // 跳至标记
}
```

36 远程洗手间使用状态指示装置

◇吴雷

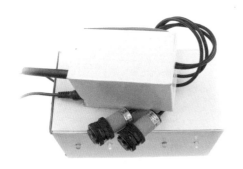

俗话说"寸金难买寸光阴",人生最宝贵的就是时间。日常生活中,我们不经意就把时间给浪费掉了,比如在公司许多人排队上洗手间,你往往会频繁往返于办公桌与洗手间之间,时间就悄然流逝了,然而使用简单易用的Arduino制作一款远程洗手间使用状态指示装置,就能够让更多的人抓住时间。这也是时下很时髦的名词——"物联网"的一种应用。下面就跟着我一起来抓住时间吧!

远程洗手间使用状态指示装置与火车、飞机上的洗手间使用状态装置类似,不同的是,我们是通过无线方式将数据传输到较远的地方,方便离洗手间远的人了解洗手间的使用状况。

该装置由一个检测装置和一个终端设备组成。检测装置通过红外接近开关检测洗手间的门是打开还是关闭状态,然后通过无线方式传输数据到终端设备,我们通过辨别终端设备上的LED的颜色来判断洗手间是否

在使用,这样便可以实时了解洗手间的使用状况,大大节省了我们在外等候的时间。无线传输距离在无障碍状态下可达1000m左右,在室内也能达500m左右。该装置适合于人多、洗手间少的场所,如公司、餐厅、商场等。

36.1 项目材料

项目原理和图36.1所示。项目需要准备的材料如图36.2和表36.1所示。

■ 图 36.1 项目原理解析图

■ 图 36.2 需要准备的材料

表 36.1　需要准备的材料

1 Arduino Duemilanove 328	2 个
2 Arduino APC220 USB 无线数据传输模块	1 套
3 Arduino 传感器扩展板 V5	2 个
4 Arduino 数字红外接近开关	2 个
5 Arduino 红色 LED 发光模块	2 个
6 Arduino 绿色 LED 发光模块	2 个
7 7.5V 电源适配器	2 个
8 纸盒	2 个

36.2　制作过程

1 首先配置 APC220。APC220 模块的使用相当灵活，可以根据需求设置不同的参数。使用 APC220 模块自带的 USB 适配器连接到电脑上（USB 适配器需要安装驱动程序），打开 RF-ANET 软件，将 RF Frequency 设置为 434，RF TRx Rate 和 Series Rate 都配置为 9600bit/s，然后选择 PC Series 的端口，即 USB 适配器的 COM 端口，软件的状态栏会显示"Found device"（发现模块），最后点"Write"按钮进行写操作，模块就配置完毕了。注意两只 APC220 要配置相同的参数。

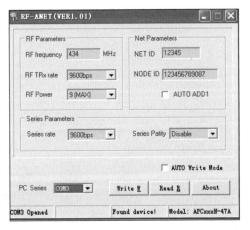

2 分别将两个 Arduino 传感器扩展板 V5 插到 Arduino Duemilanove 328 上。先将两个红外接近开关分别插到其中一个 Arduino 传感器扩展板 V5 的数字口 7 和 8 引脚，然后将红外接近开关的检测距离调至最小，做成检测装置。注意，两个 Arduino 数字红外接近传感器用 USB 供电无法正常使用，需要使用电源适配器供电。

3 在另一个 Arduino 传感器扩展板 V5 的数字口 7 和 8 引脚分别插上红色 LED 发光模块，数字口 6 和 9 引脚分别插上绿色 LED 发光模块（红灯表示有人使用，绿灯表示无人），做成终端设备。

④ 将编译好的程序分别下载到检测装置和终端设备上。注意，下载程序之前需要取下 APC220。

⑤ 做好以上工作，就可以将检测装置和终端设备分别装到两个纸盒中。注意，如果装到铁盒中，无线模块的天线需要露出来。

⑥ 将检测装置安装到洗手间的门框上，能够检测到关门和开门即可。将终端设备放在办公桌上，通上电就大功告成了。

36.3 展望

有兴趣的朋友可以制作多个终端设备，让大家都能实时掌握洗手间的使用状况。这个制作很有意思，也有实用价值吧？那就赶紧行动吧！

手势解锁门禁

◇陈盛　杨洁　李守良

随着安卓智能手机的兴起，安卓手机的图形锁（九宫格）越来越被人们所熟悉和喜爱。再联系生活中常见的电子锁，倘若利用九宫格来解开生活中的实体锁肯定比较酷，于是我们就诞生了设计使用九宫格解锁的门禁的想法。当然，直接买一个解锁屏价格比较高，也无法展示我们的水平，于是，我们在温州中学DF创客空间里面找到了一些器材，经过筛选，最后选择使用传感器和Arduino等器材制作一个手势解锁门禁。

37.1　电子锁的工作原理

电子锁一般支持两种开锁方式：一种使用传统钥匙配对开锁，另一种使用外部电信号控制开锁（见图 37.1）。当外界输入的信息正确时，电源向接口处输入 12V 的电信号，电子锁自动触发打开。

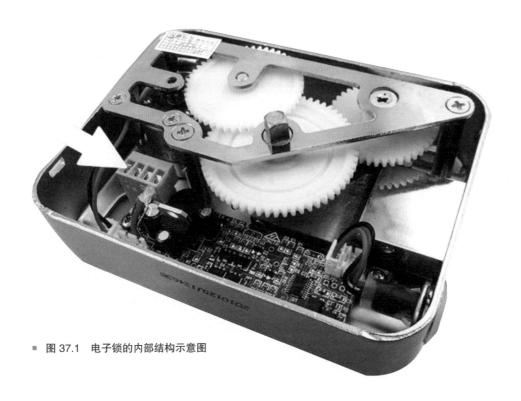

■ 图 37.1　电子锁的内部结构示意图

37.2 基于 Arduino 的手势解锁门禁的设计

在设计"手势解锁门禁"之前，我们需要理清基本设计思路。我们模拟手机九宫格开机的原理制作"手势解锁门禁"，采用的图形锁（九宫格）是3×3的点阵，按次序连接数个点从而达到锁定/解锁的功能，如图37.2所示。其实，我们可以把这9个点看成是9个传感器。

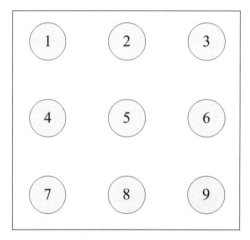

■ 图37.2　九宫格

"手势解锁门禁"需要接收外界手势信号的输入，该信号的输入满足两个条件：模拟九宫格的形式形成手势输入；当手接近时可以向单片机输出低电平，远离时输出高电平。通过筛选创客空间里的器材，我们选择了DFrobot的数字防跌落传感器，该模块可以检测10cm内的障碍物，如图37.3所示。

Arduino只能输出5V的电压，但是电子锁解开需要12V的电压，这需要一个电压转换模块。这个难不倒我们，创客空间里有几个继电器模块。我们使用电磁继电器（见图37.4），它可以实现通过低电压控制高电压的功能。

那么Arduino如何正确判断手势输入是否成功呢？如果没有外界的提示，我们很难判断。因此我们引入了常见的蜂鸣器模块（见图37.5），当Arduino成功接收一个数字时，蜂鸣器就会发出声音。

当我们在开锁后或输入错误后想重新输入，该怎么判断系统已经重新清空运行了呢？我们决定使用LED模块（见图37.6）来实现提醒。设定只有在LED闪烁之后才可以重新输入。

■ 图37.3　数字防跌落传感器

■ 图37.4　电磁继电器

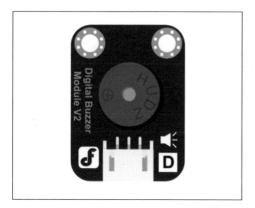

■ 图 37.5 蜂鸣器模块

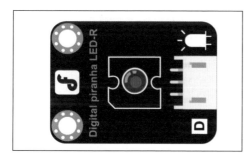

■ 图 37.6 LED 模块

37.3 程序设计

在开始编写代码前，我们需要对模块所用的端口进行设定，见表37.1。硬件方面，也要同样对应连接，即Arduino的2~10号数字端口连接9个防跌落传感器，13号数字端口连接继电器，12号数字端口连接蜂鸣器，11号数字端口连接LED。

表 37.1 端口设置

模块	端口	输入 \ 输出
9 个数字防跌落传感器	端口 D2~D10	输入
电磁继电器	D13	输出
LED	D12	输出
蜂鸣器	D11	输出

我们设定的解锁密码是"6-9-8-7"，程序的头部设定如下。

```
#define RELAY_PIN 13
#define LIGHT_PIN 12
#define BUZZ_PIN 11
int Password[4]={6,9,8,7};
int Input[9];
bool Inputed[11];
```

根据端口输入和输出的设定，还有默认初始情况下电磁继电器和LED要设为低电平，初始化代码如下。

```
void setup()
{
    for(int i=2;i<=10;i++)
    pinMode(i,INPUT);
    pinMode(RELAY_PIN,OUTPUT);
    pinMode(LIGHT_PIN,OUTPUT);
    pinMode(BUZZ_PIN,OUTPUT);
    digitalWrite(RELAY_PIN,LOW);
    digitalWrite(LIGHT_PIN,LOW);
    Serial.begin(9600);
    return;
}
```

接下来，我们需要写手势门禁实现密码控制的核心代码。我们首先定义了一个Unlock()函数。该函数是从输入第一个数字开始记录，到4个数字都输入结束后，对这4个数字组成的数组进行判断。这要求输入的内容与密码顺序完全一致才能够打开门锁。

```
bool Unlock()
{
    Serial.println("In Unlocking
    Progress.");//to debug
    for(int InputCount=0;InputCount<4;)
    {
    for(int i=2;i<=10;i++)
    if((digitalRead(i)==LOW) &&
(!Inputed[i]))
```

```
        {
          Inputed[i]=true;
          Input[InputCount++]=i-1;
          Serial.print("Input =");
          Serial.println(i-1);
          digitalWrite(BUZZ_PIN,HIGH);
          delay(1000);
          digitalWrite(BUZZ_PIN,LOW);
          break;
        }
      }
    // to judge if it is the right
    key
    for(int i=0;i<4;i++)
    if(Password[i]!=Input[i])
    return false;
    return true;
}
```

主循环代码通过调用Unlock()对每次输入的信息进行判断,在密码输入结束后,利用LED来提示解锁者解锁成功,在LED亮1s后对程序自动进行清零重置。

```
void loop()
{
  digitalWrite(LIGHT_PIN,LOW);
  if(Unlock())
  {
    digitalWrite(RELAY_PIN,HIGH);
    digitalWrite(LIGHT_PIN,HIGH);
    delay(1000);
  }
```

```
    for(int i=2;i<=10;++i)
    Inputed[i]=false;
    for (int i=1;i<=3;++i)
    {
      digitalWrite(LIGHT_PIN,HIGH);
      delay(150);
      digitalWrite(LIGHT_PIN,LOW);
    }
    digitalWrite(RELAY_PIN,LOW);
    return;
  }
```

37.4　总结

代码测试成功后,我们本来想直接把创客空间的门锁换了,想到很快就要装修了,就放弃了这个想法。于是,我们找个纸盒对其进行封装,如图 37.7 所示。我们对该手势解锁门禁进行了实际测试,发现效果不错,至少你再也不用担心密码以指纹的形式留在触摸板上了。

如果从实用性上看,这款手势解锁门禁还存在面积较大、外形比较粗糙和封装效果不好等问题,与市场上售卖的电子锁还存在一定的差距,我们后期将针对这些问题进一步修改、迭代。数字防跌落传感器的价格太高,可以使用普通的光敏传感器代替,直接焊接在洞洞板上。当然,我们还会在这个手势解锁的基础上再增加 RFID 解锁、人脸识别等解锁方式。

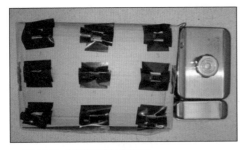

■ 图 37.7　手势解锁门禁外观

网络门禁控制系统

◇海特（Hector） 许腾

当前大多数办公场所门禁的远程控制都是基于有线的按钮来实现的。这样一种形式对办公场所布线以及相应的外设按钮有所要求，所以显得不够简洁和灵活。下面给大家介绍的这个小项目——网络门禁控制系统，是利用网络和无线通信技术，通过登录DIY的网页控制界面实现门禁系统的网络远程控制。

这个项目需要的硬件有：Arduino（开源硬件平台）、DFRobot Xboard、一对XBee无线通信模块，还有一个继电器。其中Arduino是继电器的下位机控制器，Xboard提供了与互联网连接以及数据通信的硬件接口，XBee模块将通过Xboard网络形式接收到的上位机信号指令以无线形式传输到Arduino控制器终端上，从而实现对继电器的控制。

除此之外，我们还需要的附加硬件有：FTDI 程序下载器、路由器、网线、电源、连接线。有了以上的硬件，就可以一步步来制作，完成这个简单而实用的DIY项目。

38.1 设置 XBoard

❶ 首先在 Xboard 的引脚上焊上排针，用来提供与 FTDI 程序下载器的接口，进行程序的烧写。焊接完成后，连接 FIDI 程序下载器下载程序。

将连接 PC 端的 FTDI 程序下载器连接❷到 XBoard 上，并通过 USB 接口给 XBoard 供电。

将改写好的样例代码下载到 XBoard 里面。❸操作步骤如下：

（1）打开 Arduino IDE 软件，将完整的样例代码复制到里面。

（2）将图中代码 A 处的 IP 地址（192.168.

0.177）更改为当前局域网的 IP。

（3）将图中代码 B 处的波特率更改为当前 XBee 模块的波特率。

（4）选择"tools → Boards → Arduino Fio"，将代码下载到 XBoard 里。

（5）最后将网线和 XBee 模块插到 XBoard 上。

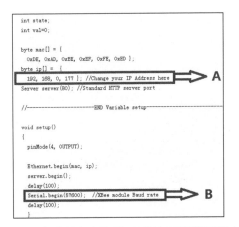

❹ 完成以上步骤后，可以打开浏览器输入相应的地址，如 192.168.0. 177，就会看到一个纯文本的网页页面，上面有一些相关的操作选项。这样，XBoard 设置这部分就完成了。

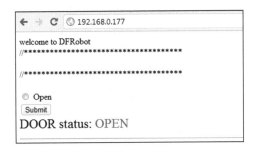

注意：（1）烧写代码时不能将 XBee 插在 XBoard 上。

（2）烧写过程中要通过 USB 接口给 XBoard 单独供电。

完整代码请到 DFRobot 官网下载。

38.2 设置 Arduino 控制器

作为接收指令和控制电子门禁的终端，Arduino需要有连接无线通信模块（XBee）的部分。这里我推荐使用的是DFRobot的IO扩展板，这块扩展板不但可以提供XBee模块的直接插口，而且还很容易让Arduino与其他的传感器连接。

❶ 首先将 Arduino 端的样例代码中的波特率修改为当前 XBee 模块的波特率。然后将代码下载到 Arduino 里面。

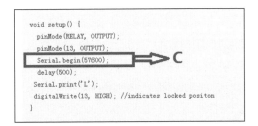

❷ 将 XBee 模块和继电器插到 Arduino 上的 IO 扩展板上。代码中，继电器连接的引脚定义在数字口 2 上，当然你也可以更改代码中的引脚定义。

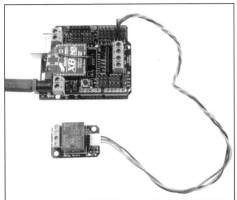

❸ 将继电器接入门禁电路。门禁以及其他电器的电路多为高电压的，接入时须注意安全。

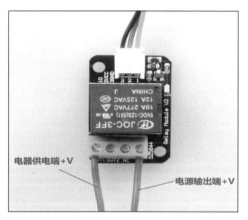

电器供电端 +V

电源输出端 +V

❹ 继电器的工作原理如图所示。对于 Arduino 控制单元的供电可以直接使用外部 7 ~ 12V 的电池，也可以直接从电器供电端引入直流电压。例如，此案例中门禁的驱动电压为 16V 直流电压，可以通过降压模块将此电压直接降至 Arduino 标准供电电压来对 Arduino 进行供电。

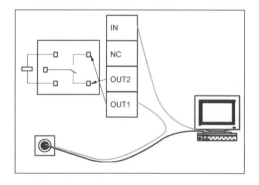

38.3 整体调试

确保电路连接正确后，打开浏览器，登录第一步中提到的网页页面。当你点击 "open" 和 "submit" 按钮后，听到继电器动作的声音时，就说明你成功了。如果整个系统有问题，很可能是两块 XBee 模块没有配对成功，或是数据通信有问题。

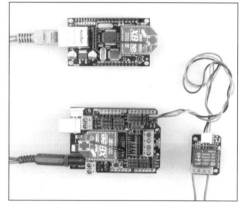

38.4 展望

有兴趣的朋友完全可以对这个项目进行升级改造，从而实现一个小型的智能家居网络控制系统。想想看，我们可以在办公室里通过计算机网络，或者通过手机网络来随时随地控制家里的各种电器设备。不仅如此，通过 Arduino 控制器改装的设备，还提供了可以自由 DIY 的可能。很有意思吧？那就赶紧行动吧！

39 开源低成本智能家居

◇潘可佳

本人是一名大二学生，去年开始接触Arduino时就决定将其融入寝室中，控制灯、饮水机、电风扇等。今年又尝试重写一个，对程序的要求就是：留出很大的扩展空间、主打网络控制、拥有良好的人机界面。

39.1 系统基本介绍

硬件要求见表39.1。副机可以自行选择设计成节点式（即一个Arduino+nRF24L01控制一个开关节点）还是单MCU多路式（即一个Arduino+ nRF24L01控制4个开关）。除此之外，还需要一个路由器、一个Yeelink账号。系统可以实现的功能见表39.2。

表39.1 硬件要求

主机：
• 显示屏：Nokia5110（后期会适配12864的OLED）
• 红外接收头
• 红外遥控器
副机：
• MCU：ATmega328P 或 ATmega168PA
• 2.4GHz 无线通信芯片：nRF24L01
• 交流电器控制：BT136 晶闸管、MOC3041 光耦

表39.2 主要功能

• 直接红外遥控各路开关
• 定时开启，也就是预约功能
• 倒计时
• 通过网页进行局域网控制（客户端发送 pos 命令，系统获取并使控制页面做出响应）
• 通过 Yeelink 进行广域网控制
• 默认 4 路节点（这是受到 Yeelink 的限制，虽然可以扩展很多路，但会很卡）
• 网络自动同步时钟
• POE 供电
• 2.4GHz 无线通信
• 一键配置节点
• 预留 DHT11、18B20、I2C 接口、串口，具有充足的扩展空间

本文所涉及的PCB大多预留了ISP刷机座，烧写程序的方法不多阐述。在源代码中找到web.rar可以本地运行（见图39.1），不过由于jquery的安全限制，现在仅支持PC和iOS端谷歌浏览器Chrome使用。

■ 图 39.1 程序运行界面

39.2　主机打板 + 副机节点

你可以通过开源的PCB设计图制作出主机（见图39.2、图39.3、图39.4），副机节点（见图39.5、图39.6）我也提供了PCB设计图，不过想要集成在插座里的话，就要自己动手了（见图39.7、图39.8）。副机我是直接取插座上带的开关电源，5V转3.3V供电，你也可以另想办法。

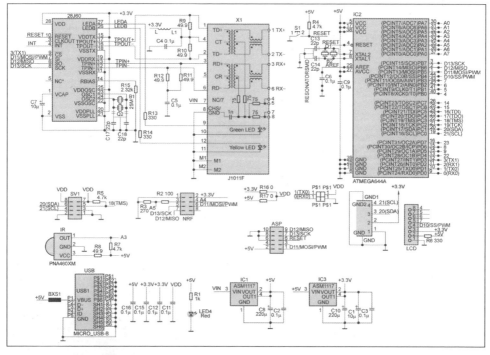

■ 图 39.2　主机电路原理图

■ 图 39.3　制作完成的主机电路板

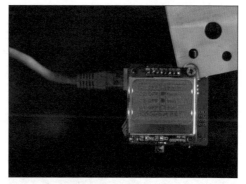

■ 图 39.4　运行中的主机

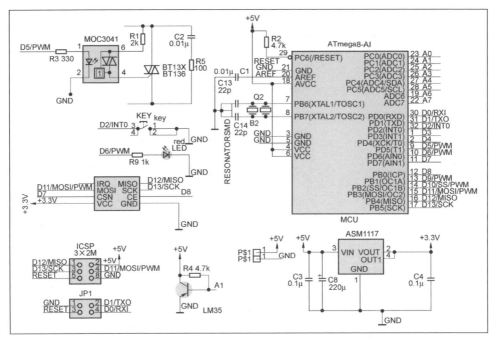

■ 图 39.5　副机节点电路原理图（没有预留 ISP 刷机座，需自行跳线）

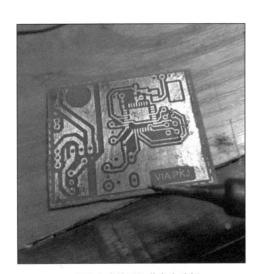

■ 图 39.6　制作完成的副机节点电路板

■ 图 39.7　将节点集成在插座中

■ 图 39.8　集成了节点的插座

39.3　主机打板＋副机多路式

　　主机的设计和上面的方案一样，副机设计也很简单：接上nRF24L01模块，引出几路信号线和地，接到晶闸管控制板就行了。

　　晶闸管控制板的PCB如图39.9所示，把上面的接线座当作墙壁里的开关（也就是火线的一部分）就可以控制交流电器了。如果是感性负载，晶闸管需要加上阻容滤波；如果是阻性负载，则可不加。

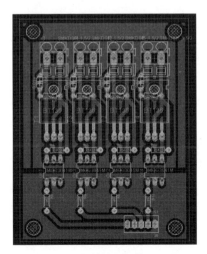

■ 图 39.9　晶闸管控制板的 PCB 图

39.4　主机用 Microduino 搭建

　　使用Microduino搭建主机是最适合普通玩家的方案了。ATmega644、ENC28J60、nRF24L01、OLED，这些都能在Microduino里找到，你所要外接的仅仅是一个红外接收头。搭建过程从收到一套Microduino到移植程序、适配屏幕，我用了不到半天，其间还包括吃饭、逛超市、骑车、吃西瓜。

　　这里我用到了Microduino-Core+、Microduino-ENC28J60+Microduino-RJ45、Microduino-nRF24、Microduino-OLED，并且用到了Test-Microduino扩张板，因为这样我可以更方便地烧写程序，并且获取到3.3V的电压。再焊接一颗红外接收头（见图39.10），接好OLED到I^{2}C线路上（在Microduino-Core+上是第20和21引脚，别搞错了，见图39.11），硬件就算制作完成了（见图39.12）。

■ 图 39.10　我把红外接收头直接焊在了插针上

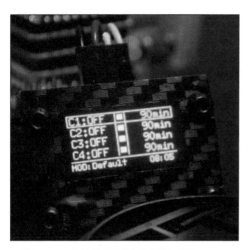

■ 图 39.11 OLED 的显示效果格外漂亮

■ 图 39.12 使用 Microduino 搭建的 Roomduino，无视那堆接线吧，那是我用来跳 ASP 刷机用的

你可以使用 ASP、Tiny ASP、Microduino-FT232R 烧写程序。

Microduino 也很适合结合洞洞板，不过副机依然要自己选择搭建方案，我现在并无量产、开模的能力。

39.5 软件配置

IP 地址在主机程序段里设置一下即可。第一个是主机的 IP 地址（192.168.1.121），这个要和本地网页中的 IP 地址匹配，后面是路由器网关（192.168.1.1）。

```
static byte myip[]={192,168,1,121};
static byte gwip[]={192,168,1,1};
static byte dnsip[]={192,168,1,1};
```

Yeelink 的 ID——urlBuf0[ ] 是 Yeelink 控制开关地址，剩下的 urlBuf1[ ]~urlBuf4[ ] 是 4 个节点，填好你的 API 就可以。

```
char website[ ] PROGMEM = "api.
yeelink.net";
char urlBuf0[ ] PROGMEM = "/
v1.0/device/xxx/sensor/xxx/";
char urlBuf1[ ] PROGMEM = "/
v1.0/device/xxx/sensor/xxx/";
char urlBuf2[ ] PROGMEM = "/
v1.0/device/xxx/sensor/xxx/";
char urlBuf3[ ] PROGMEM = "/
v1.0/device/xxx/sensor/xxx/";
char urlBuf4[ ] PROGMEM = "/
v1.0/device/xxx/sensor/xxx/";
char apiKey[ ] PROGMEM =
"U-ApiKey: xxx";
```

接下来说说红外遥控的使用：开机进入系统后，按"1""2""3""4"可以开关 4 路节点；按"PLAY"也可以实现系统模式切换（Yeelink 万维网控制还是本地手动控制）；按"CH+""CH-""CH"可以选择相应节点并执行倒计时功能。

按"EQ"即可进入设置，此时"0"为确认，"+"和"-"为上下移动菜单，再次按"EQ"结束设置。设置的第一项

"CONFIG MOD"是切换系统模式，这个在主界面按"PLAY"也可以实现切换。设置的第二项"CONFIG TIME"是预约开启的设置。设置的第三项"CONFIG DS"是倒计时设置，选择对应节点后，即可设置倒计时时间（单位：分钟），此时"+""−""NEXT""PREV"分别是加1、减1、加10、减10。设置的第四项"CONFIG CON"是配置节点用的，选择所需配置的节点后，系统会提示按下你所需节点的配置按键2s以上，此时如果能看到节点上的状态灯快速闪烁，就算配置成功了。在工作模式下，节点上的灯的闪动次数对应着第几路。设置的第五项"CONFIG INFO"是系统信息和about。

关于本地局域网控制的Web网页，你可以用网页编辑器打开index.html，里面的"http://192.168.1.121"就是当前Arduino主机对应的IP地址。另外，由于jquery的安全限制，现在仅支持PC和iOS端谷歌浏览器Chrome使用。

40 燃气管道智能监控阀门

◇胥明镜　刘媛

燃气管道的泄漏与爆炸会造成大量人员伤亡和严重财产损失。本作品通过传感器监测燃气管道的参数（瓦斯浓度、管网流量、阀门开度）并通过Wi-Fi无线网络上传到物联网云平台Yeelink，用户通过Web客户端接入Yeelink，就能实时监测整个瓦斯抽采管网的参数，并且控制智能阀门的开度。将物联网技术应用到燃气管道的监控，能极大地提升燃气管道的安全性，防止燃气管道处于难监控的状态，并且还能在燃气管道发生爆燃、爆轰灾害时实现无人化应急控制。

在石油、天然气、煤层气、煤矿等工业领域，输送瓦斯、天然气、煤层气的管道非常多，并且在特定区域布置密集。这些可燃气体（以甲烷为主）利用得当会是一种极好的清洁能源，而若管道监测监控有疏漏，一旦管道爆炸，会导致重大人员伤亡与财产损失。

作为一名安全工程专业的学生，在学习Arduino之初，我便萌生了利用Arduino结合自己的专业做出一些真正能减少人们身边安全隐患的装置的想法。后来我真的完成了智能监控阀门，整个过程都让我非常兴奋。即使在制作过程中遇到了许多超出专业知识及能力的困难，我还是凭着这股兴奋劲儿完成了作品。

40.1　项目简介

本项目是基于物联网技术的燃气管道智能监控阀门，主要应用于石油、天然气、煤层气、煤矿等工业领域。智能监控阀门的主要功能包括：管道环境参数监测、事故应急状态控制。

40.1.1　管道环境参数监测

智能监控阀门能够监测燃气管道内的温度、甲烷气体的浓度（由于研发成本的限制，未加入流量传感器和气压传感器），并将这些参数通过互联网上传到Yeelink物联网平台。直接访问Yeelink，就可以实时监测燃气管道内的温度及瓦斯浓度，效果如图40.1所示。

40.1.2　事故应急状态控制

当燃气管道发生爆燃、爆轰时，或者居民区燃气管道发生火灾时，为了防止灾害扩散，可以利用智能阀门关闭燃气管道，防止燃气继续输送至灾害地点。这样就能有效防止事态扩散并最大限度地降低人员伤亡与事故损失。物联网阀门控制的效果如图40.2所示。

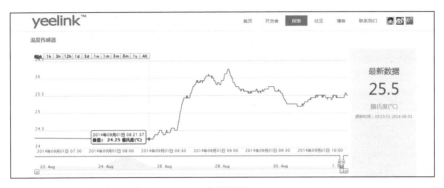

■ 图 40.1 阀门管道参数基于 Yeelink 平台的监测

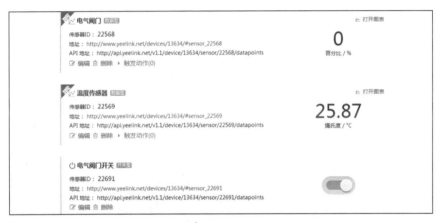

■ 图 40.2 基于 Yeelink 平台的阀门控制

40.2 项目具体实现

40.2.1 智能阀门设计概念

智能抽采阀门的设计概念图如图40.3所示。

从图40.3可以看出，智能抽采阀门的设备层包括电气阀门、温度传感器、瓦斯浓度传感器等（由于成本原因，未加入气压传感器与流量传感器）。每一个底层设备都对应了相应的信号转换模块，信号转换层模块将数据处理并输出至Arduino控制器。通过Arduino控制器就能读取设备参数并对设备进行控制。为实现物联网，用Arduino与Wi-Fi模块通信，Wi-Fi模块联网并将数据上传至云存储端Yeelink。阀门运行的参数通过网页与手机客户端就能轻松监测与控制。

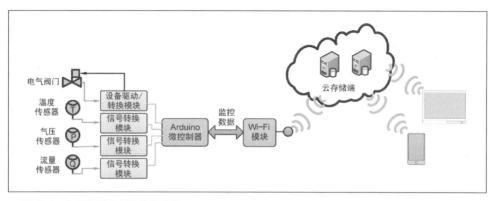

■ 图 40.3　智能抽采阀门设计概念图

40.2.2　智能阀门设备组成

　　智能阀门的实物如图40.4所示。智能阀门的主要组成设备有：电气蝶阀门、0~5V PWM信号转4~20mA信号模块、温度传感器、甲烷浓度传感器、Arduino 微控制器、Arduino系列Wi- Fi扩展板和220V AC转24V DC电源。

　　经过测试，智能阀门能在实验室环境下正常运行。

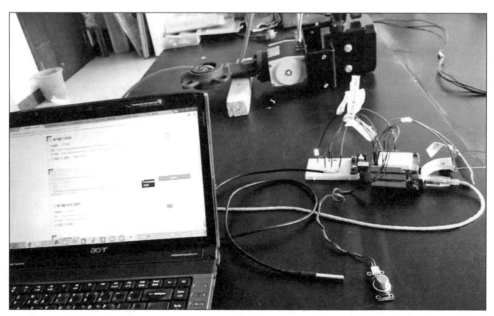

■ 图 40.4　智能阀门实物图

40.2.3 电气阀门及设备驱动/转换模块

为实现燃气行业安全级别的管道控制，我特地采购了防爆型电气蝶阀阀门（见图40.5）。电气蝶阀阀门采用高压气源制动，由于管道内燃气具有爆炸危险，采用高压气源制动会使阀门加更安全、可靠。

■ 图 40.5 电气蝶阀

电气阀门的控制需要提供0~20mA稳定直流电源，可是Arduino只能产生0~5V的PWM电压，所以需要购买一个0~5V的PWM电压转0~20mA的模块（见图40.6）。

该模块与Arduino 和电气阀门的连接图如图40.7所示。其中左侧可以接两个PWM口，本设备只使用A0_PWM1口和MVCC口。A0_PWM1连接Arduino的PWM口，MVCC可以接3.3V或5V的Arduino电源。右端是模块输出0~20mA直流电流的接口。

在图40.6中的输出端口，需要外接24V的直流电源，另外阀门也需要外接24V的直流电源，所以我在网上购买了220V转24V的电源（见图40.8）。

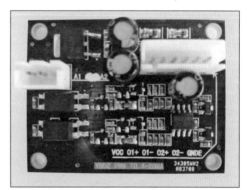

■ 图 40.6 PWM 转 4~20mA 模块

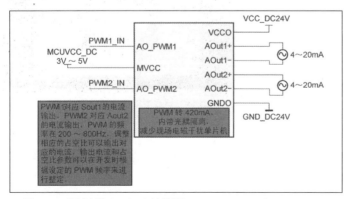

■ 图 40.7 PWM 转 0~20mA 连线图

■ 图 40.8 220V 转 24V 电源

40.2.4 温度传感器

温度传感器采用了DS18B20，精度达到0.0125℃（见图40.9）。

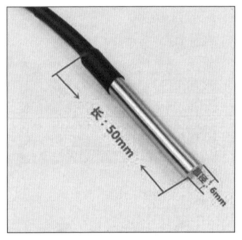

■ 图 40.9 DS18B20 温度传感器

DS18B20温度传感器采用了One Wire通信协议，该传感器的连接方法如图40.10所示。

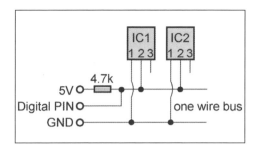

■ 图 40.10 DS18B20 的连接

40.2.5 甲烷浓度传感器

项目中采用的甲烷传感器（见图40.11、图40.12）是一种基于气敏元件MQ4的模拟量气体传感器，可以很灵敏地检测到空气中的甲烷、天然气等气体，但是对乙醇和烟雾的检测灵敏度很低。该传感器可以与Arduino专用传感器扩展板结合使用，制作出甲烷、天然气泄露报警等相关的作品。

■ 图 40.11 甲烷浓度传感器

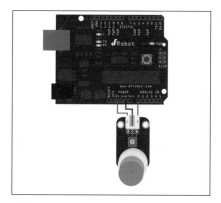

■ 图 40.12 甲烷浓度传感器的连接方法

40.2.6 Arduino 控制器和 Wi-Fi 模块

智能阀门采用Wi-Fi作为网络通信介质。智能阀门装置采用了Arduino控制器和DFRobot的Wi-Fi扩展板V3（见图40.13）。

■ 图 40.13 DFRobot 的 Wi-Fi 扩展板 V3

41 gTracking——自行车上的行车电脑

◇汪韡

自行车运动自19世纪中期由欧洲、北美发源以来，吸引了世界上一批又一批的爱好者参与。在曾经被称为"自行车王国"的中国，20世纪80年代，自行车也作为曾经的"四大件"之一走入过千家万户，在那时，自行车是民众主要的交通工具。随着社会经济的发展，汽车逐步走入寻常家庭，自行车也一度淡出了人们的生活。不过近些年来，随着"绿色低碳"的生活理念渐入人心，自行车运动开始展现出了自己独特的魅力，又成了一项时尚的健身运动，越来越多的人参与到了其中。

自从我参加了骑行运动之后，便被其"挑战极限，积极向前"的魅力深深吸引，业余折腾电子、数码的时间也慢慢转向了自行车运动。在参加骑行活动的过程中，我常常会想记录一下自己的骑行路线、骑行数据，事后可以进行分析，使自己得到提高。在一番寻找后，我发现智能手机上有这样的应用（例如Endomondo）供爱好者免费使用。虽然智能手机现在已经非常普遍，但是智能手机的续航力以及国内外用户的使用习惯差异都存在不小的问题。再加上自行车运动有一定的危险性以及需要适应不同的气候，一旦摔车，损坏智能手机的成本就会显得比较高。因此我就想到了利用Arduino来做一个低成本、专用的自行车车载电脑来记录并实时显示骑行数据，并在训练完成后使用计算机针对记录的数据进行分析，以得到想要的结果和报表。

41.1 硬件系统设计

在设计初期，我就把这款应用分成了两大部分进行设计。第一部分是基于Arduino的硬件，体积小，可以安装在自行车的把横上，负责收集和记录骑行数据，并通过LCD实时显示时速等信息。第二部分则是进行分析、统计的系统，由于Arduino的SRAM和频率的限制，不太适合做数据的分析，因此我把这部分功能拆分开来，设计成由计算机来完成——Arduino记录的数据上传到计算机后，进行分析并绘制图表。第二部分的系统，在后期设计成了一个Web 2.0的应用，这样就可以方便地将统计的结果（训练数据、骑行路线）进行分享。

在我设计并实现的原型产品中，基于Arduino的硬件部分，主要由以下几个模块构成（见图41.1、图41.2）。

❶ Arduino主控板：行车电脑的核心。

❷ 电源模块：为所有硬件提供电源。

❸ GPS模块：提供GPS定位信息，以得到位置数据、速度数据、高度数据。

❹ LCD模块：实时显示骑行数据。

❺ SD/TF卡存储模块：储存骑行数据。

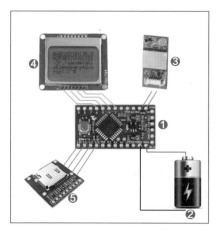

■ 图 41.1 基于 Arduino 的 gTracking 系统架构简图

■ 图 41.2 在面包板上搭建电路进行测试

未来，还可能会加上以下模块来进一步完善功能。

◆ 红外或磁感应模块：进行踏频统计。

◆ 无线心率探测模块：进行心率数据统计。

在实际制作的过程中，由于对体积有小型化的要求，我选用了以下的硬件。

◆ Arduino pro mini：它省去了RS-232 TTL转USB部分的电路，体积进一步缩小，它所搭载的ATmega328P也能保证有足够的Flash和SRAM。

◆ 3.7V转5V升压、充电一体模块：去除了USB母口，缩小体积。

◆ UC-915GPS模块：使用U-Blox 6010芯片，带内置天线，尺寸为3.5cm×1.6cm×0.75cm，体积超小。

◆ Nokia 5110显示屏：分辨率为84像素×48像素，够用、便宜、体积小。

◆ 自制TF存储模块，体积超小，带3.3V电源转换。

TF卡是工作在3.3V电压下的，由于Arduino pro mini上没有3.3V的电压输出，于是我在自制的TFT模块上使用了AMS1117-3.3，将5V电压转成3.3V，同时这个3.3V的输出也为LCD模块提供了电源输入。Arduino的SPI I/O端口输入/输出都是5V的TTL电平，因此需要一个电平转换电路来将5V的电平信号转化成3.3V的以供TF卡使用。在早期的设计中，我使用了74LVC245来做电平转换，但是由于需要尽量减小体积，即使SSOP封装的74LVC245也会显得较占空间。考虑到负载电路并不复杂，于是我在这里就用了简单的分压电路，使用1.8kΩ和3.3kΩ的贴片电阻实现了电平电压转换的功能。

由于Nokia 5110显示屏背面没有任何电子元件，我将Arduino pro mini、SD模块、GPS模块都用双面胶固定在上面（见图41.3），整体厚度可以做到小于1cm，完美地实现了缩小体积的目标。

电池选择了3.7V锂聚合物电池，这样就能把身材做得更小。不过由于只是做一个原型产品，所以我用了手上现成的4200mAh的电池，体积显得略大了些。

正面　背面

■ **图 41.3** 将 Arduino、GPS 模块、TF 模块粘贴到 LCD 背面

准备好了硬件部分后，就需要做连线焊接的工作了，该应用设备使用的Arduino端口见表41.1。

表 41.1　使用的 Arduino 端口的规划表

PIN 0 (RX)	GPS 模块 TX
PIN 1 (TX)	GPS 模块 RX
PIN 3	Nokia 5110 LCD 模块 SCK
PIN 4	Nokia 5110 LCD 模块 MOSI
PIN 5	Nokia 5110 LCD 模块 A0
PIN 6	Nokia 5110 LCD 模块 Reset
PIN 10	TF 卡模块 片选 SS
PIN 11	TF 卡模块 MOSI
PIN 12	TF 卡模块 MISO
PIN 13	TF 卡模块 SCK

在这里，使用硬件Serial来作为GPS NMEA信号输入，而不使用SoftSerial的好处是：避免SoftSerial的兼容问题，节省Flash空间，减少SRAM使用。

需要注意的是，Nokia 5110 LCD模块使用的是非标准的SPI通信协议，因此不能使用硬件SPI，而需要使用Soft SPI来驱动。

41.2　软件设计思路

连接完成后，就开始编写代码了。在这个项目中，GPS模块的驱动使用了

TinyGPS库，LCD显示则使用了u8glib，TF卡模块驱动使用了SD库。当然，为了节省SRAM，对库也进行了修改。例如对TinyGPS的cardinal函数进行了修改，将数组使用PROGMEM进行存储，节省SRAM的空间。

整个系统的代码逻辑其实很简单，流程如图41.4所示。初始化完成后，每秒检查一次GPS信号，如果信号正常，则更新信息，并在LCD屏幕上更新显示实时数据。由于事后用于分析的数据不需要精确到每秒这样的级别，因此设定每5s判断一次，如果当前位置和5s前相比发生了一定的位移量，则将数据记录到TF卡，以供分析。

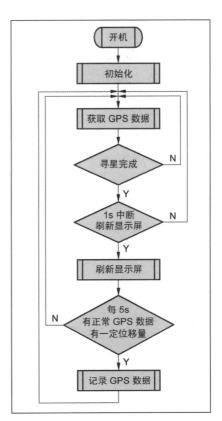

■ **图 41.4　程序流程图**

为了简化数据存储方式，数据以类似CSV的格式存储在TF卡上，文件名则为开始记录的日期，每一段数据以数据格式的版本号开始，每一行都是一笔数据。格式如下："日期，时间，连接的卫星个数，纬度，经度，海拔高度，时速，行驶方向"。

41.3　测试

将代码写入Arduino之后，就能够开机测试了。由于GPS模块使用硬件Serial端口，因此烧录代码时要注意先要把GPS模块的TX/RX信号线断开，才能正常烧录代码，烧录完成后再连接上即可。

最终将电路板和电池组件连接完成，并在LCD模块上引出一个控制背光的开关，以便于在夜晚使用。将这些装入大小合适的外壳，就会成为完整的原型产品，如图41.5和图41.6所示。

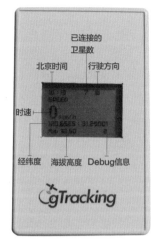

■ 图 41.5　设备外观

■ 图 41.6　内部结构

41.4 Web 应用的开发

完成了Arduino终端设备之后，就要实现该应用的第二部分——分析数据的Web应用了。

这个部分，我使用了CodeIgnite作为PHP Framework来快速搭建。骑行轨迹显示的部分则结合Google MAP API来实现，骑行数据（例如时速、高度曲线等）则使用SVG矢量图形来表现。

基本上整个Web应用的思路是这样的：注册用户并登录后，通过浏览器，在上传页面上传记录的数据文件（见图41.7），并输入一些描述信息。数据上传到服务器后，服务端代码会对数据进行分析，并生成谷歌地图所使用的轨迹KML文件（见图41.8），以及分析骑行数据后产生的时速、高度曲线图的SVG文件（见图41.9），并把这些信息都存放入数据库。用户还能设置是否公开这些信息，以便其他用户或所有人查看。用户还能在查询汇总界面下载到包含轨迹的KML文件，以便于在谷歌地图等软件中使用。

■ 图 41.8　分析结果，显示骑行轨迹

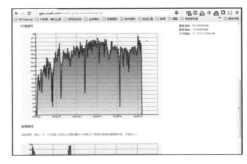

■ 图 41.9　骑行时速曲线，单击任何一个记录点可在地图上显示该记录点的地理位置，以便于分析训练成绩

由于这一部分的代码量较大，虽然大部分功能已经完成，但包括与好友分享路线等功能还未完全完成，因此就不在这里说明了，当代码完成后，将会作为开源项目进行分享。

■ 图 41.7　上传记录的数据文件

42 一道洗袜机

◇Leon

笔者是摩羯座的，但在生活方面，却一直有着处女座的强迫症。比如对应身体不同部位的毛巾，放置身上固定口袋的物品，包括手帕，哪一面用于擦嘴，哪一面用于擦汗，都有着严格的规定。精细的规定，直接造就的，不是精细的生活，而是大量的清洗要求。袜子、内裤、手帕、毛巾，这些微小的东西，几乎天天都需要清洗，如果用洗衣机来清洗，未免大材小用，浪费资源。正所谓哪里有压迫，哪里就有反抗。学习电子专业的我，本着"一切带电的玩意都能造"的念头，终于决定自己DIY一台洗袜机。经过一个月的设计、研制、修改、磨合，一台符合我的设计要求的洗袜机—— 一道洗袜机新鲜出炉。成品的样子见图42.1。

■ **图 42.1 成品的样子**

42.1 全自动洗衣机结构拆解

正所谓能破就能立，瓦工我也会。动手制作"一道"之前，我先把自家的全自动波轮洗衣机拆了。为了方便大家理解，我从网上下载了一张洗衣机的内部结构图（见图42.2）来讲解一下，各品牌的全自动波轮洗衣机在结构上大同小异。

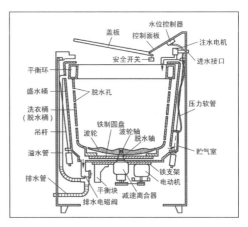

■ **图 42.2 全自动波轮洗衣机内部结构图**

洗衣机大体分成3层，即：外壁、外筒（盛水桶）、脱水桶。

外壁：即我们最直观看见的洗衣机外壳，主要起支撑外筒、脱水桶、顶部面板，以及美化洗衣机的作用。

外筒（盛水桶）：听名字就知道其最大的作用，就是盛放清洗过程中使用的水以及洗涤剂。从结构上来说，它是全机最为复杂的组成部件。与它伴生的功能元件和模块，可以从图42.1中看到：吊杆、平衡块、溢水管、排水管、贮气室、减速离合器、电动机。

洗衣机在工作过程中，不管是洗衣还是脱水，都会伴随着巨大的振动，所以洗衣机在设计上就在很多方面考虑了减振降噪的问题。洗衣机的外筒，并不是用刚性元件与外壁固定的，而是通过4根吊杆（见图42.3）悬吊在外壁上的。同时，因为底部电机与离合器不是轴心安装，使得中心偏离，一般厂家会在底部加装平衡块，其实就是一大块水泥块，来平衡外筒。

■ 图 42.3 洗衣机吊杆

溢水管和排水管的功能，这里不多加阐述。贮气室是和水位传感器（见图42.4）配合使用的，外筒的水位变化会直接反映在贮气室内的气压上，同时贮气室和水位传感器通过气管相连。气压的变化，最终会通过水位传感器变成数字量信号传出，被主板接收。

脱水桶（见图42.5）：这个部件是清洗以及脱水最重要的部件。同时，由于是转动部件，也是设计最为困难的一块。与之伴生的有：波轮、波轮轴、脱水轴、减速离

合器。脱水桶几乎是我们最为熟悉的洗衣机内部部件了。打开盖板，直接看见的，就是脱水桶。它的作用，就是在洗衣机处于脱水状态时高速旋转，利用离心力把衣物的水甩出去。

■ 图 42.4 水位传感器

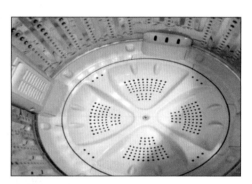

■ 图 42.5 脱水桶

波轮：位于脱水桶的底部，虽然由于厂家的不同，波轮的设计也千奇百怪，但目的都是一样的——搅动衣物，让衣物互相捶打，搅拧，浸透洗涤剂，从而达到洗衣的目的。

减速离合器：这里，我要重点说一下减速离合器的作用。洗衣机在运行过程中，脱水桶和波轮是有多种转态的。时而要求波轮独立转动，时而要求波轮和脱水桶共同

转动，时而要求它们可以快速停转。然而电机就一个，这就要求有一个部件可以完成这些动作，那就是离合器的使命了。一般情况下，波轮轴和脱水轴是以同心轴的形式一起做在离合器上的，电机通过皮带与转盘带动波轮轴。遇到有脱水需求的时候，通过一定的机械结构，拉动离合器拨叉，使得脱水轴与波轮轴咬合，共同旋转，并且在这过程中，通过齿轮的配比，实现不同的转速（洗衣时大概在700转/分，脱水时大概在3000转/分）。同时，离合器内置刹车片，也就是我们经常在脱水过程中打开顶盖的时候，脱水桶会急停（不同于电机停转，有一个停转时间的要求）。当然，这需要安全开关的配合。全自动洗衣机的内部构造以及运行原理，大体就是如此了。

42.2 器件选型

"一道洗袜机"是我在全自动洗衣机的基础上，根据自己的需求和设想进行制作的。这里面，我认为最重要的就是它的"三围"，不能过于庞大，要有大家闺秀的柔美。本来想设计个黄金比例的，但是感觉太敦实了，还是这样设计修长点。

因为要考虑到放置的问题，同时又要兼顾清洗容积，多方权衡之下，最终确定下来的是5L的脱水桶，由此向外推理，选定10L的外筒、40cm×30cm×30cm的骨架（见图42.6），整体比一个办公室用的纸篓稍大些。多说一句，其实一开始我是先确定的外骨架，然后找内外桶。结果找到一家卖酵素桶的，10L桶和5L桶的尺寸竟完美吻合，而且买回来一看，10L桶底部竟然开着孔，还送了透气阀，好像是为了让酵素透气什么

的。这让我说什么好，现成的污水出口，还省得我开孔了，完美。

43.5cm

30cm

■ 图 42.6 外骨架尺寸

外骨架一旦敲定，就是发图（见图42.7）出去让师傅切割了，因为之前有做过类似的，所以心中还是比较清楚选择什么样的材料——铝型材3030。角铁、螺丝、螺母，让店家一并配40副。

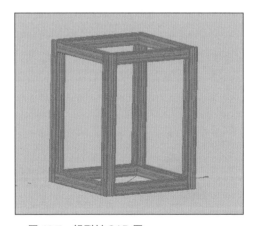

■ 图 42.7 铝型材 CAD 图

还是多说一句，呵呵，接下可能会经常多说一句。在店家给我配单的时候，随便翻看着店家的配件，结果发现了它（见图

42.8）！

呵呵，之前还为怎么悬挂外筒而苦恼，问题立马解决。选择了塑料件，也有铝件，但考虑到这个部件会剧烈晃动，塑料件应该会减小噪声吧。没计算拉力，店家拍着胸脯跟我保证10kg的承受力，断了回去找她。而且塑料件价格是铝件的一半，就它了。

挂件确定了，接着就是连接外筒和外骨架的弹簧了，原本这是以为很简单的东西，却因为度量衡的问题小小地纠结了一下。我一开始不懂，张口就问人家要拉力10kg的拉簧，店家一律都是"谁理你"的表情。好一些的就问我要丝径、外径、带钩长度，但这些我就基本"两眼一抹黑"。我磨破了嘴皮子，终于有一家告诉我一个模糊的比例，算了算，确定了1.5mm×12mm×60mm这样的参数（见图42.9）。唯一不足的是，他们家304不锈钢的拉簧要定制。

接下来就是洗衣机的离合器了，网上卖得倒是很多，但是买一个回来一看，唯一的念头就是so huge，这玩意完全不符合我对"婉约"的要求，感觉把它安装在"一道"上，洗袜机就要改名叫"一大块"了。于是再次遍寻合适替代的离合器，但这次不太幸

运，估计体积要求这么小的离合器使用场合不多，仅仅找到一款（见图42.10），各种问题，但最终还是被迫使用了它。

本次电机+离合器的固定方式，并不是前文介绍的一左一右的方式。而是采用离合器在上、电机在下的方式固定。这里面有几方面的考虑。

（1）左右固定方式，中间需要加传动轮以及皮带，增加了DIY的难度以及成本。

（2）左右固定方式，脱水桶、水、衣物的重量，全部由离合器承受。而这个离合器埋下的第一个"坑"，就是它竟然只有一个固定耳，感觉工业设计是体育老师教的。对于一个对轴心有高度要求的器件，一个耳的设计，在后续固定它以及定位的过程中，造成了我无尽的困扰。并且，一个耳也最终让我选择了一上一下的体位，不然离合器根本撑不住。

（3）上下的安装方式，由于都在中心点，也可以避免加一个平衡块，更加省时、省力。

为了后续讲解以及使用方便，我拆分了一个离合器（见图42.11），合起来还能用。

■ 图 42.8　悬挂外筒的配件

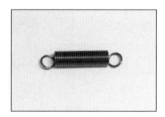

■ 图 42.9　拉簧

■ 图 42.10　离合器

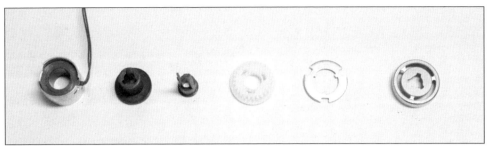

■ 图 42.11 拆分开的离合器

　　罗马不是一天建成的，选定离合器之后，就是电机的选型。这可是咱的老本行。电压、电流、转速、扭矩轮番招呼，我辈自巍然不惧。但有句话说得好，你要是知道自己该怎么走，全世界都会为你堵路。之前的离合器就在这里又埋下了一个"坑"，这个离合器是日本生产的，留的轴孔是 Φ6mm削边5mm的D型槽。本来笔者没太在意，结果电机各个参数确定下来后，找不到6mm轴的电机，更不要说削边5mm的了，我当时整个人就不好了。整整2天，我像筛子似的一遍遍过滤网上卖电机的，不问时间、地点、人物，只问轴径和削边。结果自然是找到了一家，但是第一次寄过来的电机，削边5.3mm，问店家为何多0.3mm，说是过盈配合，无奈呀。用橡胶锤把它砸进离合器，好不容易进去一点点，离合器已经快不行了（离合器是塑料件），表示"help me or kill me"。抓住店家，表示没听说过"过盈"，就是他发错货，要求一定要发一个削边5mm的。一通沟通，店家再发了一个过来，这次安装还算顺利，对好位就进去了。

　　因为选择的是一上一下的结构，电机原本的固定架已经不能用了，而且还有一些细节的要求。对于这部分，一开始就打算用3D打印机打印出来，这个应该要感谢

maker们，正是他们像堂·吉诃德一样不畏艰险地一次次冲击科技的风车，才带来了今天的各种便利，这里向他们致敬。图42.12所示是用CAD软件绘制的固定架3D图。

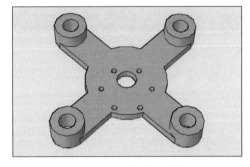

■ 图 42.12 CAD 软件绘制的固定架 3D 图

　　打印出来的实物图，忘记拍照就固定上去了，下次再打印一个补上。和电机安装在一起，完美。多说一句，3D打印不是每次都很顺利，指不定哪次就抽风了。曲翘和尺寸不对是再平常不过的了，不过DIY嘛，享受的不就是这种不确定性吗？不行就多打几次。

42.3 零件改造

　　器件都选择好后，就开始改造了。

　　第一步就是外筒的改造。这个几乎是装配过程中最难的环节了。首先我们要把顶部这一圈锯掉。起先因为手上只有一把手枪钻以及一些锯片，除非我是章鱼哥，不然两只

手根本无法精准地完成切割，要么是手枪钻切不下去，要么就是外筒被圆锯片推走。后来灵机一动，把手枪钻固定在老虎台上，用橡皮筋的数量控制转速，如图42.13所示。这样一来就腾出双手抓外筒了。生命果然在于折腾。

■ 图 42.13 用手枪钻改造外筒

对外筒实施了环切手术后，用M5的钻头，在顶部钻出4个悬吊孔。悬吊孔没什么讲究，不要太低。然后就是底部的离合器孔和电机支架固定孔。测量了一下底部的直径，打印了这么一张图（见图42.14），贴在底部用于定位。

■ 图 42.14 定位图

中心离合器的安装孔，要用M27的开孔器来打，先用小一些的钻头打个定位孔。小

锤抠洞，大锤凿墙嘛。打好后，用开孔器开孔就方便很多了，也不用怕视线被遮挡、打歪之类的。打好离合器孔，接下来就是4个M10的螺丝孔，按图上的方位打好，没什么难度。最后拿离合器比对一下，把离合器的固定耳，一个M3的孔打上去，这个孔只是固定离合器外壳，让它不跟着电机一起旋转。

加工好外筒之后，就是脱水桶的改造了。不同之处在于，脱水桶是安放在离合器的外齿轮（见图42.15）上面的。

为了固定脱水桶，这里使用3D打印机打印了一个法兰片（见图42.16）。里面是一个26齿、0.8模的齿轮，外面是4×M5的孔。一直在担心打印强度和精度的问题，不过样品拿回来一匹配，完美契合，如图42.17所示。为避免左右摇晃（会晃得很厉害），用502胶水把法兰盘和离合器外齿贴在一起。

脱水桶的底部开孔基本和外筒一样，打印个图贴在底部定位，然后开孔。之后，要在脱水桶上大量开孔。话说脱水桶本来打算用304不锈钢冲孔板卷一个的，但是单个成本实在不能接受，就选择用这个桶了。成品洗衣机中也有塑料桶和不锈钢桶之分，所以也就不多纠结了。无脑开孔，就是开完后，内外表面会有非常多的塑料毛边，要用美工刀一个个地修，累人。

脱水桶完成了之后，就是洗袜机的波轮了，这个波轮在市场上完全找不到合适的尺寸以及替代品。还是老办法，3D打印出来吧。设计图和实物如图42.18所示。

话说用CAD做曲面是真心累，不过可能和我不精通此软件有关吧。波轮轴同样做成D型削边的，如图42.19所示。

这里大家可能会有疑惑，为什么不一次成型，而要分开来打呢？因为受3D打印的原理所限，如果遇到架空，打印机就需要先打一个支撑，类似脚手架一样的东西。如果这个波轮是一次成型，那么不管是哪一面，都需要大量的支撑物。这样，既浪费了时间、原料，而且在完成后还要自己动手把表面清理干净，不然会影响美观。所以我就选择分开来打了。

但这次分开来打，3D打印机的"坑"终于让我踩到了。这根轴从削边5mm到4.8mm，连续打了4次，最后终于有一根勉强能用（见图42.20）。有一根削边4.8mm，打出来的有5.2mm，这就是不少3D打印机目前还无法做到品质一致性的问题。

将轴安放进离合器顶部的转动孔内。前面提到过，离合器根本受不了紧配合（过盈），所以这个波轮轴虽然刚好放进离合器的转动孔中，但这样是无法让它带动波轮的。所以，这里我选择用热熔胶直接灌进转动孔中，然后趁热放进波轮轴，待热熔胶凝固之后，就很牢固了，如图42.21所示。

■ 图 42.15　3D 打印的离合器外齿轮

■ 图 42.17　法兰和离合器齿轮结合图

■ 图 42.16　法兰

■ 图 42.18　波轮

■ 图 42.19　波轮轴

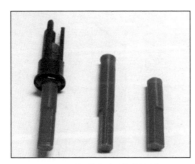

■ 图 42.20　多次打印的波轮轴

■ 图 42.21　用热熔胶来固定轴与转动孔

42.4 装配

待这些"菜"都准备好后，就可以一起"下锅"了。

1 把外骨架装起来。

2 4 个悬挂不要忘记装了，不然要拆掉顶部重来，很麻烦。我会告诉你，底部 4 个脚是因为我计算失误，让电机拖地，后期加装的吗？

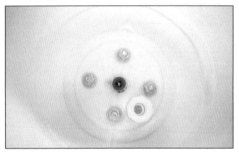

3 我们把离合器以及电机固定在外筒上，如图所示，这里要注意电机的 D 型轴，要和离合器的孔相对，不然安装不进去，为了防水，离合器孔以及 4 个 M10 螺丝孔，全部用热熔胶封死。

4 把外筒悬吊在骨架上，骨架上的三角片是可以滑动的，如果觉得桶歪了，自己调调。脱水桶的安装，相对简单，把法兰固定在桶底，对好位置，插入离合器的转动轴。这时候，波轮轴已经被我灌胶粘在转动轴里面了。

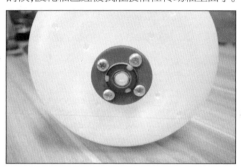

5 装入波轮，一道洗袜机的雏形大体出来了。

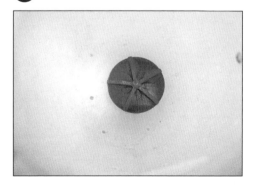

6 根据电气需要，先连接好电机和离合器的控制电路。

7 上电运行，用缓慢加速的方式来测试系统的稳定性。发现在速度不稳定的情况下，脱水桶抖动剧烈，有碰壁现象。苦思不得，专业洗衣机们都有平衡环，咱上哪儿弄去？最终无奈，用扎带对脱水桶做了一个限位。效果还行，抖动没那么剧烈了，等转速稳定了，脱水桶也就平稳运行了。

```
int i=0;
int water_control=0;
//delay(1000) == 1s
void motor_right(int temp)
{
  digitalWrite(1, HIGH);
  digitalWrite(2, LOW);
  for (i=0;i<temp;i++)
  {
    delay(20);
    analogWrite(3, i);
  }
}
void motor_left(int temp)
{
  digitalWrite(1, LOW);
  digitalWrite(2, HIGH);
```

上一块白布清洗前后的对照图（见图42.22），白布曾在泥土里面滚了一圈。

因为实现自动上水、排水、水位限制功能的电路还在制作过程中，所以清洗时间不长，清洗+脱水大概10min，不能完整地跑一圈（主要我懒得频繁倒水）。目前已经完成的电路如图42.23所示。期待我把更完整的电路部分做好，再来和大家分享吧。

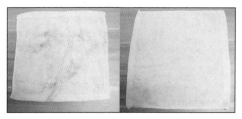

■ 图 42.22　左边是清洗前的，右边是清洗后的

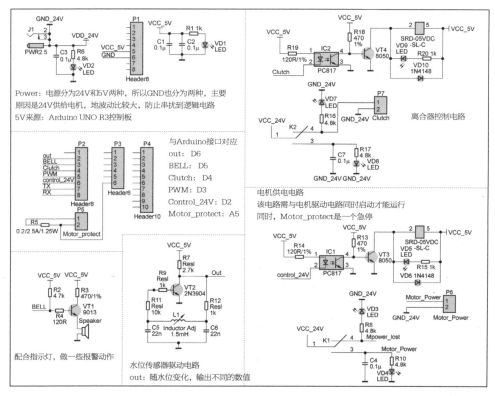

■ 图 42.23　外设电路原理图，为防止击穿及电气干扰，大电流电路使用光耦以及继电器隔离，让模数电路分开，控制电路使用的是 Arduino UNO R3

43 用桌面级 3D 打印机设计制作洗鞋机

◇刘丰

洗鞋是一件很烦人的事情，一定困扰着很多人。而笔者用3D打印机和Arduino成功解决了这一难题，没看错，就是用无所不能的3D打印机。这下妈妈再也不怕我洗鞋累了，哈哈。想要知道是怎么做到的，请接着往下看。

整个过程是用3D建模软件设计出洗鞋机的各部分结构件，利用3D打印机打印出机器的机械结构部分，之后用Arduino和一些常用的传感器、电机驱动模块来组成洗鞋机的控制电路部分。经过机械和电子的巧妙结合，一台科技感爆棚的洗鞋机就诞生了（见图43.1）！

首先构思机器的工作原理，然后设计零件。图43.2所示是洗鞋机部分零件的3D模型，笔者使用的3D建模软件是NX，也叫UG，是一个广泛应用于机械设计、模具制造行业的软件。同类的软件有很多，理论上可以3D建模的软件都可以用来画3D打印用的模型，大家可以根据自身情况去选择。

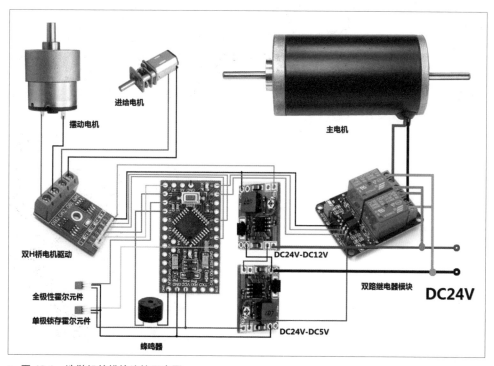

进给电机

摆动电机

主电机

双H桥电机驱动

全极性霍尔元件

单极锁存霍尔元件

蜂鸣器

DC24V-DC12V

DC24V-DC5V

双路继电器模块

DC24V

■ 图 43.1 洗鞋机的模块连接示意图

设计好3D模型之后就简单了，导出为STL格式的文件并用上位机软件切片成3D打印文件，然后就可以用3D打印机打出来了。图43.3所示是打印好的零件，右下角是用自己DIY的电火花钻孔机加工不锈钢工件的图片，整个电火花机的机械部分，大部分也是用3D打印机制作的，电路部分用了一个60V的电动自行车充电器、一个空调电容、一节1000W的电炉丝。介绍电火花钻孔机的原理和DIY教程有很多，有兴趣的朋友可以找相关资料动手DIY一个，有了这个东西，自己在家也能钻出尺寸精度高的孔来。

■ **图 43.2　洗鞋机部分零件的 3D 模型**

■ **图 43.3　打印好的零件**

大多数零件用2~3h就能打印完成，图43.4所示的这个零件比较大，实际打印时间长达13.8h，由于零件较高、支撑复杂，清除墙和支撑材料容易开裂变形，整个过程需要随时看护，并用热熔胶修补支撑和清除墙。

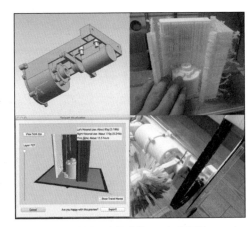

■ **图 43.4　洗鞋机中最大的 3D 打印零件——电机外壳**

43.1 洗鞋机的结构与原理讲解

打印好的零件经过必要的处理，例如去除支撑、打磨、扩孔、攻丝等步骤，便可以装配起来了，机械部分的装配过程如图43.5所示。图43.6、图43.7所示是装配好的洗鞋机，整个洗鞋机上使用了75个3D打印零件，耗费PLA材料580g、ABS材料141g，

总共花费了97h的时间来打印。为了方便展示内部各个机构的运行状况，机壳用透明的亚克力板黏合而成。大多数零件使用PLA材料打印，因为这种材料收缩率低，打印稍大的零件不会变形、翘边；而ABS材料容易用化学方法抛光，主要用在同步带轮、刷轮等需要表面处理的地方。

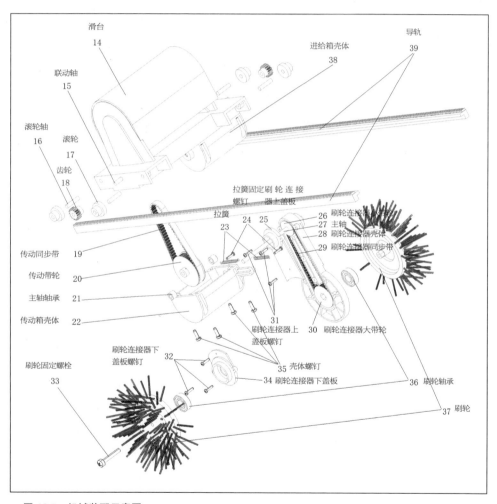

■ **图 43.5 机械装配示意图**

■ 图 43.6 装配完成的洗鞋机

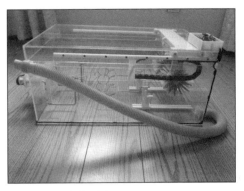

■ 图 43.7 洗鞋机侧面

从图43.7侧面可以看到机箱上盖两侧有齿条导轨，进给电机推动滑台在导轨上前后移动，滑台内部有主电机，主电机带动刷轮旋转；使用洗鞋机时把鞋固定在夹具上，摆动电机和夹具连接，带动夹具和鞋摆动；控制电路内的程序通过传感器的反馈信息，同时控制刷轮的旋转方向、滑台移动方向、夹具的摆动方向，从而完成洗鞋过程。整个过程依靠滑台摆臂和刷轮的机械自适应和单片机辅助控制，在整个过程中，刷轮能够精准贴合鞋内外表面刷洗，还可以将鞋舌推出鞋口，将鞋舌正反面清洗干净。

图43.8所示是整个机器的核心部分——滑台，除了黑色的尼龙拖链和金属件，其余

部分都是由3D打印零件构成的。中间的圆柱体内部有一个电机，用来带动图中的刷轮以800r/min左右的转速运转。这个速度是手工刷鞋的数十倍，并且完全不用担心刷毛会伤到鞋，因为刷轮上的刷毛用的是牙刷级的细软刷毛，同时具有高弹性，能够深入鞋子的细微缝隙里清除各种污渍。

■ 图 43.8 洗鞋机的核心——滑台

图43.9所示为摆动机构，它带动夹具夹着鞋摆动，右侧同步带下方较大的圆盘上的不同位置安装有永磁体，对应位置有一个单极锁存型的霍尔元件，一会儿我们到了电路和程序部分再说明它的具体作用。

■ 图 43.9 摆动机构

从图43.10中可以看到与摆动装置相连

接的夹具，虽然看起来结构略显复杂，但是用起来非常顺手。

洗鞋机的铰链部分（见图43.11），同样是采用3D打印机制作的，突起的部分能使上盖打开时刚好张开合适的角度，而不会倒向后方。

■ **图 43.10　洗鞋机内部的夹具**

■ **图 43.11　铰链部分**

完成了机械部分的装配工作，洗鞋机还需要用来指挥这些结构的控制电路，图43.12所示是洗鞋机的控制电路。左侧红色的板子是两个L9110 H桥电路，分别驱动摆动装置电机和控制滑台前后移动的进给电机，H桥电路通过PWM和蓝色的Arduino Pro mini控制板（左二）连接，因此摆动电机和前后进给电机都可以实现速度、方向的

调节。由于找到的主电机电压为24V，而进给电机电压为12V，单片机电压又是5V，所以我在单片机右侧增加了两个DC-DC模块，将24V电压降至12V和5V。如果找到合适的电机，就可以省掉这两个模块，改用一个三端稳压器给单片机供电即可。最右侧是一个双路单刀双掷继电器模块，用来控制电机的正反转，中间的红色电容用于减少电机启动瞬间电刷火花的干扰。其实最好的方法是用一个大功率的H桥电路来代替继电器模块，这样通过PWM让电机软启动，就可以做到防止干扰并大大缩小电路板的尺寸，而且在洗鞋机工作时就不会听到继电器的"啪啪"声了。

■ **图 43.12　洗鞋机的控制电路**

在电路板上还有一个蜂鸣器，用来做简单的交互：当机器启动时，蜂鸣器会短鸣；而洗鞋完成后，蜂鸣器会连续长鸣几声提示。

另外单片机上连接了两个霍尔传感器，一个是前面提到过的摆动电机上的单极锁存型霍尔元件（图43.13中右侧圆盘的下方的黑色元件），这个霍尔元件用来检测鞋子旋转的角度。它的选型和用法比较特殊。在圆盘靠近边缘的位置有两个不同磁极的磁铁，首先电机正转，当圆盘转动到N极磁铁对应霍尔元件时，霍尔元件改变为低电平，单片机控制电机反向转动；这时圆盘往回转动，直到圆盘转动到S极磁铁对应到霍尔元件时，霍尔元件变为高电平，转向再次改变。只要定义单片机高电平正转、低电平反转，电机就能够带动夹具夹着鞋一直在这个扇形区域来回摆动了；当重新定义为低电平正转、高电平反转后，圆盘将会跨越一个磁铁，进入另一个扇形范围内摆动，这就是洗鞋机切换刷洗外表面和内表面的原理，结合合适的硬件，就能把代码变得更为简洁。

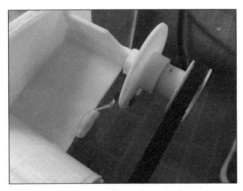

■ 图 43.13　霍尔元件

　　另一个是普通的全极性霍尔元件，位于滑台一侧靠近导轨的地方。导轨前后各有一个永磁体，对应滑台前后的极限位置，当滑台运动到这两个位置时，霍尔元件会产生低电平信号，单片机根据这个信号判断滑台运行的位置，从而做出相应的控制行为。之所以选用霍尔传感器，原因是霍尔元件是非接触的，更容易密封，从而具备防水性能，并且单机锁存型霍尔元件和全极性霍尔元件都属于数字信号传感器，不会像机械开关一样

要用电路和程序配合消除抖动，大大降低了电路和代码的复杂程度。

　　由于笔者没找到电压为24V的放水电磁阀，因此暂时没有加入自动进水、排水的功能，未来还考虑加入自动添加洗涤剂的功能，毕竟单片机上还有将近一半I/O没有使用，再加几行代码就很容易把自动化程度提高更多。

43.2　Arduino 编程

　　电路连接完成后，给Arduino编写程序，编译环境用的是Arduino IDE，编译完成后可以直接上传，如图43.14所示。

■ 图 43.14　编写 Arduino 程序

　　程序很简单，总共用了170多行代码，实现了开机自检、蜂鸣提示、自动复位、运行/结束的过程控制。程序写入单片机里后，机器就能正常工作了，最后我们来验证一下这台机器工作效果怎么样。

43.3　鞋的清洗过程

1 将鞋放入洗鞋机的夹具里。

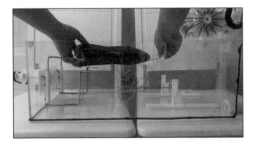

2 洗鞋机清洗鞋外表面。

3 刷轮绕过夹具清洗鞋后跟。

4 清洗鞋内表面。

5 清洗鞋垫。

6 洗鞋机将运动鞋鞋舌拨出鞋口。

通过一段时间的测试，这台洗鞋机几分钟就能洗干净一双运动鞋，刷洗过程非常轻柔，使用效果非常理想。这台洗鞋机采用了一个比较精细化、高效率的设计思路，所以功率能够控制在20~30W，是洗衣机功率的1/10，并且非常节约用水。它具有简单可靠的机械自适应结构和较小的体积，在成本控制方面也具有一定的优势。

这个项目从开始策划到完成Demo，历时两年，中间经历过种种困难，每个零件都需要经过很多次设计—打印—验证的过程，通常一个零件可能需要变更很多次设计；每个零件打印完还需要花费很多时间去拆除支撑、打磨，有些还需要抛光；而经常在辛辛苦苦制作出一个原型机后发现机器并不能达到预期的要求，于是推倒原先的设计方案全盘重来（废弃的零件见图43.15）。设计这个机器总共消耗4kg PLA材料和3kg ABS

材料，总共打印时长超过850h。两年里，更多的时间则花在了设计、3D建模、手工处理工件上面，几乎天天都在弄这个机器。

这个项目的机械结构设计、电子电路、零件打样等所有过程全部由笔者一个人独立完成。在这个过程中，笔者遇到了很多困难，但同时也学到了很多东西，这次设计洗鞋机的过程给笔者带来的不仅仅是技术层面的提升，对人生也是有很大帮助的。技术不仅仅是技术，同时也是一种修炼，静下心来专注去做一件事，能让人变得更加沉稳、坚韧并敢于挑战自我。

■ 图 43.15　废弃的零件

低成本打造 Booby 家庭服务机器人

◇轩辕文成

我是大二的学生，偶然间接触了Arduino，从此一发不可收拾，做过激光雕刻机、智能小车等有意思的东西。大一下半学期的暑假是一个很好的机会，能够深入学习Arduino，于是我决定设计制作一种家庭服务机器人，恰逢Arduino中文社区举办了开源硬件开发大赛，我便报名参加了比赛。这款机器人的灵感来源于《机器人总动员》中的瓦力，作为家庭服务机器人，初步决定加入履带底盘、可夹持机械手、视频传输、语音识别与交流、短信报警、LED点阵眼睛等功能。系统框图如图44.1所示，Wi-Fi控制程序框图如图44.2所示，制作所需的元器件见表44.1。

表 44.1　需要的元器件

名称	数量
MG995 舵机	7
蜗轮蜗杆减速电机	2
Arduino 最小系统板	4
12V 电源	2
亚克力板（300mm×200mm）	4
TP-LINK703N 路由器	1
短信模块	1
语音模块	1
烟雾传感器	1
机械手	1
同步带及同步带轮	2 套
l9110 模块（用于驱动气泵）	1
微型气泵（用于控制气动吸盘）	1

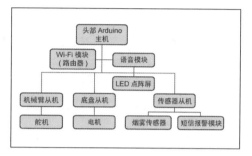

■ 图 44.1　系统框图

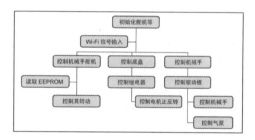

■ 图 44.2　Wi-Fi 控制程序框图

44.1　履带底盘的设计

为了适应家庭环境中可能出现的门槛、地毯和花园草地等环境，我决定采用全金属结构的底盘（见图44.3），这样底盘稳定一些，其他部件也都容易装配。金属结构的底盘在重量上也占有很大的优势，为了减少通过障碍时对车体本身的振动，我设计了一套悬挂系统来缓冲，悬挂系统由4个摇臂和弹簧构成，每个摇臂可以单独运动，类似于独立悬挂。

■ 图 44.3 履带底盘

驱动采用履带传动，我比较了网上的各种玩具履带配件，发现普遍价格偏高且材质较脆，不适合大动力的驱动，于是采用了二手的汽车正时皮带作为履带，后来测试发现同步带作为履带行走起来十分稳定。

主动力为两个蜗轮蜗杆减速电机，动力十足，而且由于蜗轮、蜗杆自锁的特性，即使是45°斜坡也不会滑下，可以适应多种特殊路况，甚至是石子路等复杂路况。电机驱动板（见图44.4）采用继电器控制，因为普通的MOS管组成的H桥驱动电路输出电流太小且发热较严重，无法满足底盘的驱动要求，故采用继电器控制电路控制电机，每一路信号都做光耦隔离，同时成本低、易维护。

■ 图 44.4 电机驱动电路（左上为光耦隔离电路，右上为单片机控制电路，下方为继电器控制电路）

44.2 机械臂的设计

为了实现抓取物品和动作交互娱乐等功能，我们制作了一种类似于桌面码垛机器人的机械手，采用舵机作为动力来源，使用Arduino进行控制。画好三维图纸（见图44.5），导出二维图纸（见图44.6），先用廉价的木板切了一套（见图44.7）验证效果，发现效果很好，于是换用亚克力板加工（见图44.8），一左一右共两只，镜像安装(见图44.9)。最后一只手上装了夹子，另一只手上装了吸盘。对于机械臂的远程控制，采用2.4GHz无线控制，使用nRF2401模块传输数据。为了更方便控制机械臂，我制作了一个同步摇杆来控制机械手（见图44.10），这个摇杆就是缩小版的机械手，只是舵机的位置换成了电位器，其他的连杆结构的比例与机械臂基本相同，这样操控起来就比较简单。

■ 图 44.5 机械臂三维图纸

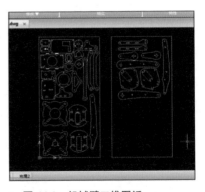

■ 图 44.6 机械臂二维图纸

■ 图 44.7　木制的机械臂

■ 图 44.10　同步摇杆遥控器

■ 图 44.8　亚克力机械臂

44.3　机械臂测试程序

```
#include <Servo.h>
#include <EEPROM.h>
Servo servo1;
Servo servo2;
Servo servo3;
byte angle1;
byte angle2;
byte angle3;
int buffer1[3];
int rec_flag;
int serial_data;
int Uartcount;
unsignedlong Pretime;
unsignedlong Nowtime;
unsignedlong Costtime;
void setup() {
  Serial.begin(9600);
  servo1.attach(9);
  servo2.attach(10);
  servo3.attach(11);
  angle1=EEPROM.read(0x01);
  angle2=EEPROM.read(0x02);
  angle3=EEPROM.read(0x03);
  servo1.write(angle1);
  servo2.write(angle2);
  servo3.write(angle3);
}
void loop()
{
  while(1)
  {
   Get_uartdata();  // 读取串口数据
   //UartTimeoutCheck();
  }
```

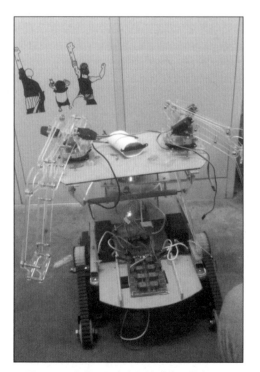

■ 图 44.9　安装了亚克力机械臂的机器人

```
}
void Communication_Decode()
{
if(buffer1[0]==0x01)// 舵机命令
    {
        if(buffer1[2]>180)return;
        switch(buffer1[1])
        {
            case 0x07:angle1=buffer1
[2];servo1.write(angle1);return;
            case 0x08:angle2=buffer1
[2];servo2.write(angle2);return;
            case 0x09:angle3=buffer1
[2];servo2.write(angle2);return;
            default:return;
        }
    }
    else if(buffer1[0]==0x32)
    // 保存命令
    {
    EEPROM.write(0x01,angle1);
    EEPROM.write(0x02,angle2);
    EEPROM.write(0x03,angle3);
    return;
    }
}
void Get_uartdata()
{
  staticint i;
  if(Serial.available()>0)
  {
  serial_data=Serial.read();
  if(rec_flag==0)
  {
    if(serial_data==0xff)//
ff000100ff
    {
    rec_flag=1;
    i=0;
    }
  }
    else
    {
    if(serial_data==0xff)
    {
    rec_flag=0;
    if(i==3)
    {
```

```
    Communication_Decode();
    }
    i=0;
    }
  }
    else
    {
    buffer1=serial_data;
    i++;
    }
  }
 }
}
```

44.4 视频传输功能的设计

　　为了节省成本，我使用了自带MP4格式转码的网络摄像头（二手苹果笔记本电脑拆机摄像头）作为图像采集来源，分辨率为720p,采集的高清图像通过Wi-Fi模块发送到手机、平板电脑等可以处理Wi-Fi信号的移动终端。Wi-Fi模块由常见的二手TP-link 703n改装而成，该路由器使用强大的ARM内核，具有32MB的RAM和16MB的ROM，可以轻松胜任视频解码和传输的要求。在作为Wi-Fi模块之前，要重刷路由器的Bootloader，刷入开源的OpenWrt固件，该固件基于Linux系统，可以实现对路由器的控制。OpenWrt的包管理提供了一个完全可写的文件系统，允许自定义设备，以适应任何应用程序。我还将路由器的串口外接（见图44.11），以便在传输图像（见图44.12）的同时能够传输数据、控制机电设备。

■ 图 44.11 接好串口线的路由器

■ 图 44.12 视频传输测试

44.5 语音交流及眼睛动作的设计

语音识别及发声使用的是现成的语音模块（见图44.13），识别后有返回值，Arduino最小系统（见图44.14）根据返回值给予不同的回应即可，在此不再赘述。同时，根据返回值控制8×8点阵模块显示不同的图案就行（见图44.15）。

■ 图 44.13 语音模块及 Arduino 最小系统板

■ 图 44.14 Arduino 最小系统板

■ 图 44.15 眼睛显示效果

44.6 眼睛控制程序

```
#include "LedControl.h"
//pin 12 is connected to the
DataIn
//pin 11 is connected to the CLK
//pin 10 is connected to LOAD
LedControl
```

```
lc=LedControl(3,4,5,1);
LedControl
bc=LedControl(6,7,8,2);
unsignedlong delaytime=100;
voidsetup() {
  lc.shutdown(0,false);
  lc.setIntensity(0,5);
  lc.clearDisplay(0);
  bc.shutdown(0,false);
  bc.setIntensity(0,5);
  bc.clearDisplay(0);
}
void writeArduinoOnMatrix() {
  byte a[8]={B00111100,B01000010,
B10011001,B10111101,B10111101,B1
0011001,B01000010,B00111100};
  byte b[8]={B00000000,B00011000,
B01100110,B10011001,B10011001,B0
1100110,B00011000,B00000000,};
  byte c[8]={B00000000,B00000000,
B00000000,B11111111,B11111111,B0
0000000,B00000000,B00000000,};
  byte d[8]={B11101010,B10001010,
B11101010,B10001110,B01110101,B0
1000110,B01000110,B01110101,};
  delay(300);
  lc.setRow(0,0,b[0]);
  lc.setRow(0,1,b[1]);
  lc.setRow(0,2,b[2]);
  lc.setRow(0,3,b[3]);
  lc.setRow(0,4,b[4]);
  lc.setRow(0,5,b[5]);
  lc.setRow(0,6,b[6]);
  lc.setRow(0,7,b[7]);
  bc.setRow(0,0,b[0]);
  bc.setRow(0,1,b[1]);
  bc.setRow(0,2,b[2]);
  bc.setRow(0,3,b[3]);
  bc.setRow(0,4,b[4]);
  bc.setRow(0,5,b[5]);
  bc.setRow(0,6,b[6]);
  bc.setRow(0,7,b[7]);
  delay(delaytime);
  lc.setRow(0,0,c[0]);
  lc.setRow(0,1,c[1]);
  lc.setRow(0,2,c[2]);
  lc.setRow(0,3,c[3]);
  lc.setRow(0,4,c[4]);
  lc.setRow(0,5,c[5]);
  lc.setRow(0,6,c[6]);
  lc.setRow(0,7,c[7]);
  bc.setRow(0,0,c[0]);
  bc.setRow(0,1,c[1]);
  bc.setRow(0,2,c[2]);
  bc.setRow(0,3,c[3]);
  bc.setRow(0,4,c[4]);
  bc.setRow(0,5,c[5]);
  bc.setRow(0,6,c[6]);
  bc.setRow(0,7,c[7]);
  delay(300);
  lc.setRow(0,0,c[0]);
  lc.setRow(0,1,c[1]);
  lc.setRow(0,2,c[2]);
  lc.setRow(0,3,c[3]);
  lc.setRow(0,4,c[4]);
  lc.setRow(0,5,c[5]);
  lc.setRow(0,6,c[6]);
  lc.setRow(0,7,c[7]);
  bc.setRow(0,0,c[0]);
  bc.setRow(0,1,c[1]);
  bc.setRow(0,2,c[2]);
  bc.setRow(0,3,c[3]);
  bc.setRow(0,4,c[4]);
  bc.setRow(0,5,c[5]);
  bc.setRow(0,6,c[6]);
  bc.setRow(0,7,c[7]);
  delay(300);
  lc.setRow(0,0,b[0]);
  lc.setRow(0,1,b[1]);
  lc.setRow(0,2,b[2]);
  lc.setRow(0,3,b[3]);
  lc.setRow(0,4,b[4]);
  lc.setRow(0,5,b[5]);
  lc.setRow(0,6,b[6]);
  lc.setRow(0,7,b[7]);
  bc.setRow(0,0,b[0]);
  bc.setRow(0,1,b[1]);
  bc.setRow(0,2,b[2]);
  bc.setRow(0,3,b[3]);
  bc.setRow(0,4,b[4]);
  bc.setRow(0,5,b[5]);
  bc.setRow(0,6,b[6]);
  bc.setRow(0,7,b[7]);
  delay(delaytime);
  lc.setRow(0,0,a[0]);
  lc.setRow(0,1,a[1]);
  lc.setRow(0,2,a[2]);
  lc.setRow(0,3,a[3]);
```

```
    lc.setRow(0,4,a[4]);
    lc.setRow(0,5,a[5]);
    lc.setRow(0,6,a[6]);
    lc.setRow(0,7,a[7]);
    bc.setRow(0,0,a[0]);
    bc.setRow(0,1,a[1]);
    bc.setRow(0,2,a[2]);
    bc.setRow(0,3,a[3]);
    bc.setRow(0,4,a[4]);
    bc.setRow(0,5,a[5]);
    bc.setRow(0,6,a[6]);
    bc.setRow(0,7,a[7]);
    delay(300);
    lc.setRow(0,0,a[0]);
    lc.setRow(0,1,a[1]);
    lc.setRow(0,2,a[2]);
    lc.setRow(0,3,a[3]);
    lc.setRow(0,4,a[4]);
    lc.setRow(0,5,a[5]);
    lc.setRow(0,6,a[6]);
    lc.setRow(0,7,a[7]);
    bc.setRow(0,0,a[0]);
    bc.setRow(0,1,a[1]);
    bc.setRow(0,2,a[2]);
    bc.setRow(0,3,a[3]);
    bc.setRow(0,4,a[4]);
    bc.setRow(0,5,a[5]);
    bc.setRow(0,6,a[6]);
    bc.setRow(0,7,a[7]);
    delay(300);
}
voidloop() {
    writeArduinoOnMatrix();
}
```

44.7 短信报警功能的设计

短信报警功能只需要读取烟雾传感器
的模拟值,并与安全范围进行比较,在超
过范围时触发报警机制即可。短信模块使
用的是从网上购买的廉价短信模块套件
(见图44.16),需要自己焊接,驱动程序
如下。

■ 图 44.16 短信模块

```
Void setup()
{
    Serial.begin(9600);
    Serial1.begin(9600);
}
void loop()
{
    Serial1.println("AT");
    delay(100);
    while(Serial1.available())
    {
        char c=Serial1.read();
        Serial.write(c);
        if(c=='K')
    {
        Serial1.println("AT+CMGF=1");
        delay(100);
        while(Serial1.available())
    {
        char c=Serial1.read();
        Serial.write(c);
        if(c=='K')
```

```
    {
    Serial1.println("AT+CMGS=\ "
替换成需要发送短信的手机号码 \"");
    delay(100);
    while(Serial1.available())
    {
      char c=Serial1.read();
      Serial.write(c);
      if(c=='>')
      {
        Serial1.println("CNM");
        delay(100);
        Serial1.println("32");
        while(Serial1.available())
        {
          char c=Serial1.read();
          Serial.write(c);
        }
      }
    }
  }
  }
  }
  delay(2000);
}
```

■ 图 44.17　制作完成的机器人

44.8　总结

　　通过制作该机器人（见图44.17），我学到了电路设计、硬件制作、三维制图、软件编程等很多知识，这一代作品只是摸索经验，下一代会做得更好，我会在学习中进步，做出更棒、更有价值的东西。